重污染行业

最严格环境管理制度研究

刘朝阳 著

ZHONG WU RAN HANG YE

·广州·

图书在版编目（CIP）数据

重污染行业最严格环境管理制度研究 / 刘朝阳著 .—广州：中山大学出版社，2016.4

ISBN 978-7-306-05640-5

Ⅰ.①重… Ⅱ.①刘… Ⅲ.①污染防治—研究—中国 Ⅳ.① X505

中国版本图书馆 CIP 数据核字（2016）第 049608 号

重污染行业最严格环境管理制度研究

zhong wu ran hang ye zui yan ge huan jing guan li zhi du yan jiu

出 版 人：徐 劲
策划编辑：陈 露
责任编辑：吕贤谷
封面设计：汤 丽
责任校对：秦 夏
责任技编：汤 丽
出版发行：中山大学出版社
电 话：编辑部 020-84111996，84113349，84111997，84110779
发行部 020-84111998，84111981，84111160
地 址：广州市新港西路 135 号
邮 编：510275 传 真：020-84036565
网 址：http：//www.zsup.com.cn E-mail：zdcbs@mail. sysu.edu.cn
印 刷 者：虎彩印艺股份有限公司
规 格：787mm × 1092mm 1/16 14.25 印张 188 千字
版次印次：2016 年 4 月第 1 版 2016 年 4 月第 1 次印刷
定 价：43.00 元

前 言

党的十八大和十八届三中全会对加快建设生态文明制度，完善最严格的环境保护制度提出了明确要求。建立和完善最严格的环境保护制度是实现生态文明建设宏伟目标的重要保障与基础，是缓解资源环境约束与经济社会发展之间矛盾、推动国家经济绿色转型、顺应全球可持续发展潮流的内在要求，也是深化环境保护制度改革、推动环境保护顶层设计和战略转型的重要任务，具有重大的现实意义。

基于上述研究背景，笔者经过多年探索，在同行专家的不断指导与启发下，撰写本书并付梓，旨在分析我国重污染行业的整体概况，结合我国的城市发展定位及工业发展规划，剖析目前市域范围内的重污染行业的发展瓶颈及其带来的环境问题；综合国内外研究成果及实践经验，构建可持续完善的重污染行业环境管理制度顶层设计系统概念和框架；结合重污染行业的发展现状及规划，选择典型性行业，在重污染行业环境管理制度顶层设计系统框架的基础上，探讨建立该行业的最严格环境管理制度体系及配套管理办法，为环境管理相关研究者或从业人员提供参考。

本书的主要结构和思路为：

1. 提出问题，重污染行业最严格环境管理制度研究的紧迫性和意义。重点为第一章，分为最严格环境管理制度的产生与发展和重污染行业最严格环境管理制度的研究意义两节讲述。

2. 分析问题，重污染行业环境管理体系的现状、成因分析和发展趋势。重点为第二章和第三章，分重污染行业环境管理概述和环境管理体系的现状分析两部分，包括：环境与环境问题，环境管理的基本概念，重污染环境管理相关的概念综述，我国环境管理的组织机构概况，政策法规体系，国内外环境管理体制的比较研究和我国重污染行业环境管理的现状和与趋势等重点内容。

3. 解决问题，重污染行业管理相关研究进展、制度实践和对策建议。重点为第四章和第五章，包括：我国重污染行业相关环境管理制度综述，新环保法对重污染行业环境管理的影响分析，重污染行业最严格环境管理制度的设计原则和重污染行业环境管理制度的构建等主要内容。

4. 实践探索，重污染行业最严格环境管理制度的实践与探索。重点为第六章，包括：国外重污染行业最严格环境管理制度的实践和我国最严格环境管理制度的探索案例分析。

笔者特别感谢一直以来提供大力支持和悉心指导的中南财经政法大学信息与安全工程学院院长张敬东教授；感谢武汉市环境保护科学研究院朱志超院长、魏琳博士对本研究的资助和帮助；感谢信息与安全工程学院同事们的大力协助；在成书过程中，感谢金大卫教授、杨俊老师、刘勘老师、冯瑞香老师、李飞老师、屈志光老师、卢小宇老师、余彩虹、伍紫贤和王秉等老师及同学的无私支持。

特别感谢中南财经政法大学信息与安全工程学院为本书出版提供资助，感谢工程学院学术委员会各位专家委员在本书撰写和付梓中提出的宝贵意见与帮助提携！

由于笔者水平和时间所限，书中难免存在疏漏或不足，敬请读者批评指正。

中南财经政法大学

刘朝阳

2015 年 12 月 26 日

目　录

第一章　重污染行业最严格环境管理制度研究的背景及意义 …… 1

第一节　最严格环境管理制度的产生与发展 …… 1

一、中国环境管理制度的发展历程 …… 1

二、最严格环境管理制度的产生 …… 6

三、最严格环境管理制度的探索发展 …… 7

第二节　重污染行业最严格环境管理制度的研究意义 …… 13

一、重污染行业最严格环境管理制度的理论意义 …… 13

二、重污染行业最严格环境管理制度的现实意义 …… 17

三、最严格环境管理制度的研究内容、目的以及思路 …… 18

第二章　重污染行业环境管理概述 …… 22

第一节　环境与环境问题 …… 22

一、环境的概念 …… 22

二、环境的功能 …… 23

三、环境的价值 …… 24

四、环境的特点 …… 25

五、环境问题的产生 …… 27

六、典型的重大环境问题 …… 28

第二节　环境管理的基本概念 …… 33
一、环境管理概念的提出及界定 …… 33
二、环境管理的内容 …… 35
三、环境管理的特点 …… 36
四、环境管理的理论基础与基本方法 …… 37
五、我国加强环境管理的紧迫性 …… 44
第三节　重污染行业环境管理相关概念综述 …… 47
一、重污染行业的界定 …… 47
二、重污染行业环境问题的一般表现 …… 49
三、重污染行业环境问题的特点 …… 51
四、重污染行业环境管理的概念 …… 53
五、重污染行业环境管理的对象及任务 …… 54
六、重污染行业环境管理的目的 …… 55
第三章　重污染行业环境管理体系的现状分析 …… 56
第一节　我国环境管理的组织机构概况 …… 56
一、行政机构的设置及职能 …… 56
二、立法机构的设置和职能 …… 60
第二节　我国环境管理的政策和法规体系 …… 61
一、基本方针 …… 61
二、基本政策 …… 64
三、环境管理的相关政策 …… 70
四、环境法规体系 …… 75
第三节　国内外环境管理体制的比较研究 …… 80
一、国外环境管理体制的分析 …… 80
二、国外环境保护管理体制的发展经验总结 …… 90

三、中国环境管理体制的分析 …………………………………… 93
第四节 中国重污染行业环境管理的现状和趋势 ………………… 96
一、中国重污染行业环境管理的现状 ………………………… 96
二、中国重污染行业环境管理存在的问题 …………………… 118
三、中国重污染行业环境管理的趋势 ………………………… 128
第五节 重污染行业最严格环境管理制度制定的紧迫性 ……… 130
一、重污染行业占经济及污染比重大 ………………………… 130
二、重污染行业对环境污染严重 ……………………………… 131
三、重污染行业环境管理制度有所欠缺 ……………………… 133

第四章 重污染行业环境管理相关制度实践及研究进展…………139

第一节 我国重污染行业相关环境管理制度综述 ……………… 139
一、中国环境管理制度概述 …………………………………… 139
二、“老三项”环境管理制度 ………………………………… 141
三、“新五项”环境管理制度 ………………………………… 147
四、其他环境管理制度 ………………………………………… 153
第二节 新环保法对重污染行业环境管理的影响分析 ………… 169

第五章 重污染行业最严格环境管理制度制定对策和建议…………173

第一节 重污染行业最严格环境管理制度的设计原则 ………… 173
第二节 重污染行业最严格环境管理制度逻辑框架图 ………… 174
第三节 重污染行业环境管理制度构架的构建 ………………… 174
一、政府管理制度改进对策分析 ……………………………… 174
二、行业自我管理制度 ………………………………………… 183
三、公众参与管理制度 ………………………………………… 187
四、环保投资保障制度改进对策分析 ………………………… 190

五、污染物排放总量控制改进对策分析 …………………………… 191
六、排污权交易制度改进对策分析 ………………………………… 194

第六章　重污染行业最严格环境管理制度的实践与探索……………… 198

第一节　国外重污染行业最严格环境管理制度的实践案例 …………… 198
一、澳大利亚矿山环境管理制度 …………………………………… 198
二、美国制药行业环境管理制度 …………………………………… 200
第二节　我国重污染行业最严格环境管理制度的探索案例 …………… 206
一、《清洁生产标准　电镀行业》 …………………………………… 209
二、《电镀污染物排放标准》 ………………………………………… 211

参考文献……………………………………………………………… 214

第一章 重污染行业最严格环境管理制度研究的背景及意义

第一节 最严格环境管理制度的产生与发展

一、中国环境管理制度的发展历程

中国的环境保护管理体制自1971年原国家计划委员会成立“三废”利用领导小组开始，不断地发展、改革、完善，至今已经有四十多年的历程了，总括来看，大致可以分为四个阶段：萌芽阶段、形成阶段、建设阶段、创新阶段。

（一）萌芽阶段（1973—1987）

这段时期，中国从没有设立任何的环境保护管理机构到颁布成立了初步的环境保护文件及管理小组，并随着党和国家的工作重点的转移，环境保护越来越被重视，1983年环境保护被确立为一项基本国策。

1. 历史背景

在新中国成立初期，由于追求经济的快速增长而忽略了环境保护问题，导致生态环境迅速恶化，进行环境保护刻不容缓。在1978年，中共十一届三中全会做出将党和国家的工作重点转移到社会主义现代化建设上来的重大决策。从此，在中国逐渐地就以现代化战略代替了重工业优先发展战略，并且以市场化为导向的经济改革也开始逐步推行。随着发展战略和经济体制的转型，环境保护投资强度明显增强，环境保护开始受到重视。

2. 环保管理体制的主要内容

1973年第一次全国环境保护会议即明确提出，把环境保护与制订发展国民经济计划和发展生产统一起来，统筹兼顾、全面安排[1]。

1979年9月，颁布《环境保护法（试行）》，是中国环境保护的基本法。该法明确规定在国务院设立环境保护机构。

1982年，全国人大常委会做出决议，撤销了国务院环境保护领导小组，成立了城乡建设环境保护部，其下设的环保局为全国环境保护的主管机构。对应于这种变化，各地政府也开始将环保机构与城乡建设管理机构合并，形成了“城乡建设与环境保护一体化”的管理模式。

1984年12月，城乡建设环境保护部下属的环保局改名为国家环保局，享有相对独立性，该局也是国务院环境保护委员会的办事机构。

（二）形成阶段（1988—1997）

1. 历史背景

在现代化战略的基础上，中国逐步形成强调环境与经济同步、协调、持续的可持续发展战略，经济体制也逐渐进入社会主义市场经济建设阶段。尽管中国已经实施了一些环境保护政策，但仍未能有效遏制环境恶化的趋势。总体上到1989年末，中国的环境状况与发达国家环境污染最严重的时候相仿，环境恶化造成巨大的经济损失。

2. 环境保护管理体制的主要内容[2]

1988年，国家环保局从原城乡建设环境保护部中独立出来，成为国务院直属机构，负责环境污染防治的监督管理等12项基本职能。这次改革，从体制上确立了国家环境保护局独立行使环境监督管理权的地位。对应于

---

［1］ 张连辉、赵凌云：《1953—2003年间中国环境保护政策的历史演变》，载《中国经济史研究》2007年第4期。

［2］ 戴双玉：《中国环境保护行政管理体制改革研究》http：//cdmd.cnki.com.cn/Article/CDMD-10532-1011264534.htm

这种变化，各级地方政府把环保机构从城乡建设系统分离出来，设置了独立的环境管理职能机构。此时，独立、统一的监督管理与资源行业管理相结合的环境行政管理体系已经基本形成。

1989年，全国人大常委会颁布《环境保护法》，第七条规定：国务院环境保护行政主管部门，对全国环境保护工作实施统一监督管理。县级以上地方人民政府环境保护行政主管部门，对本辖区的环境保护工作实施统一监督管理。国家海洋行政主管部门、港务监督、渔政渔港监督、军队环境保护部门和各级公安、交通、铁道、民航管理部门，依照有关法律的规定对环境污染防治实施监督管理，县级以上人民政府的土地、矿产、林业、农业、水利行政主管部门，依照有关法律的规定对资源的保护实施监督管理。

1992年，中国参加了在里约热内卢召开的联合国环境与发展会议，之后，成立了中国环境与发展国际合作委员会，是由中外环发领域高层人士与专家组成的、非营利的国际性高级咨询机构。

1993年，国务院机构改革时保留国家环境保护局，为国务院直属机构(副部级)。同年地方进行机构改革后，各省（自治区、直辖市）均设置了省一级的政府环境保护局。

1997年，新《刑法》颁布，专门设立“破坏环境资源保护罪”，从管理手段上进一步增强了对环境违法行为的震慑力。

（三）建设阶段（1998—2008）

此阶段中国实施可持续发展战略，国家高度重视环保工作，环境保护的手段增多与完善。随着中国环境问题的日益严重，我们对环保问题越来越重视，执行环保工作的有关部门的地位也变得越来越重要。

1. 历史背景

2003年，中共十六届三中全会提出了“五个统筹”和坚持以人为本，树立全面、协调、可持续的发展观。此阶段，社会主义市场经济体制也在不断建设完善。2005年党的十六届五中全会提出了“公共服务均等化”这一命题，党的十七大则将建设基本公共服务体系确定为中国社会发展战略的核心内容之一。

2. 环保管理体制的主要内容

1998年4月，国务院进行机构改革，撤销了十多个工业管理部门，原为副部级的国家环境保护局升格为正部级的国家环境保护总局，撤销国务院环保委员会，有关职能转由国家环保总局承担。将国家核安全管理职能与国家辐射环境管理职能合并，并将原国家科委下属的国家核安全局成建制划归国家环保总局，并新增加6项职能[1]。之后，国家环保总局以环境执法监督为基本职能，加强了环境污染防治和自然生态保护两大管理领域的职能。

2003年，国务院机构改革，国家环境保护总局保留，并增加生物遗传资源管理、放射源安全统一管理等职能。

2006年4月，根据第六次全国环境保护大会会议精神，原国家环保总局设立华东、华南、西北、西南、东北督查中心共5个环境保护督查中心，和上海、广东、四川、北方、东北、西北核与辐射安全监督站共6个核与辐射安全监督站，作为国家环保总局的执法监督机构，是总局直属事业单位，承担所辖区域内的相关职责。

2006年7月，中组部印发文件，将环境保护列为地方党政领导班子和干部的考核要点。

2008年3月，十一届全国人大一次会议决定，组建环境保护部，其主要职责为拟定并组织实施环境保护规划、政策和标准，组织编制环境功能区划，监督管理环境污染防治，协调解决重大环境问题等。同年7月，国务院办公厅首批印发了《环境保护部主要职责内设机构和人员编制规定》，

[1] 戴双玉：《中国环境保护行政管理体制改革研究》http: //cdmd.cnki.com.cn/Article/CDMD-10532-1011264534.htm

强化职能配置，重点转变职能，取消和下放了有关的行政审批事项，减少了技术性、事务性工作，进一步理顺了部门职责分工，强化了统筹协调、宏观调控、监督执法和公共服务职能；新增了部总工程师、核安全总工程师和污染物排放总量控制司、环境监测司、宣传教育司等内设机构，增加人员编制50名，进一步加强行政能力。

这一阶段，中国环保行政管理体制的改革主要体现在国家环境管理政策的重视和理念的提升、环境管理机构地位的提高和职责的强化、环境管理制度的推行及管理方式的转变等，是环保行政管理体制不断建设发展的过程。

（四）创新阶段（2009—至今）

1. 历史背景

可持续发展战略、基本公共服务均等化战略的实施以及国际社会环境外交的兴起共同构成了当前中国环境保护事业所面临的重要议题。“十二五”时期，中国环境形势依然严峻，环保工作进入攻坚克难的关键时期，且主要是体制结构问题。中共十八届三中全会提出，要加快生态文明制度建设。而当前中国环保执法的难度不断加大，主要表现为：“大环保”的理念尚未形成；环保执法合力难以形成；基层环保执法力量薄弱；环保执法力度偏软、手段偏少。

2. 环保管理体制改革主要内容

2009年，环保部增设了华北督察中心，截至目前，环保部已组建了6个督察中心和6个核与辐射安全监督站共12个派出执法监督机构，形成了辐射全国的派出机构网络。另外，地方各级人民政府和相关部门也在大力进行环境保护行政管理体制改革。

2013年，中共十八届三中全会全体会议通过《中共中央关于全面深化改革若干重大问题的决定》。该决定从两个层面强调了地方政府环境保护体制机制改革的紧迫性与重要性。一是要进一步“加快转变政府职能”，要“深化行政体制改革，创新行政管理方式，增强政府公信力和执行力，建设法治政府和服务型政府”。在简政放权的同时，加强各类公共服务的提供，其中就包括“加强地方政府环境保护职责”。二是要“加快生态文明制度建设，改革生态环境保护管理体制”。

这一阶段是中国社会发展的一个新阶段，中央和地方各级环境保护行政管理体制在不断探索完善，是一个改革创新以适应新形势发展的阶段。

二、最严格环境管理制度的产生

新中国成立以来，随着环境问题的显现和恶化，中国环境管理制度经历了从无到有、从笼统简单到严格不断完善的历史过程，并最终提出最严格的环境管理制度。

第一，起步阶段。1972 年 6 月 5 日，中国派代表参加了在瑞典的斯德哥尔摩召开的第一次《人类环境会议》。在此会议的启发下，1973 年 8 月中国成立了国务院环境保护领导小组及其办公室，并召开了第一次全国环境保护会议，在全国推动“三废”（废水、废气、废渣）的治理与公众的环境教育。1973 年，国务院在《在关于保护和改善环境的若干规定》中提出了一个避免先污染后治理的原则，要求新建、改建、扩建项目的防治污染的措施必须同主体工程同时设计、同时施工、同时投产。在这一阶段，人们逐步认识到环境污染问题不再是单纯的“三废”问题，而是一个影响和制约经济、社会发展的大问题。

第二，立法阶段。在这一阶段，人们认识到解决环境问题仅仅依靠行政、教育手段是不行的，必须综合运用法律、经济等多种管理手段和措施，建立环境保护的法规、标准，走依法保护环境的道路。1979 年，《中华人民共和国环境保护法（试行）》颁布实施，该法正式规定了在新建、改建、扩建工程时，必须提出环境影响报告书。该法还规定：“超过国家规定的标准排放污染物，要按照排放污染物的数量和浓度，根据规定收取排污费。”这从法律上确立了排污收费制度。同时，根据中国国情，坚持预防为主，避免走先污染后治理的道路，将“三同时”原则上升为一项环境管理制度。

第三，基本国策阶段。20世纪90年代，随着经济和社会的不断发展，中国经济发展和环境保护之间的矛盾日益突出。由于经济基础差，技术水平低，资源消耗量大，污染严重，生态基础薄弱，如果不把生态环境纳入经济发展之中统筹考虑，经济增长就难以持续，也难以为后代创造可持续发展的条件。在这种形势下，走可持续发展之路成为中国发展的自身需要和必然选择。由此，各地在总结自己环境管理经验的基础上，大胆借鉴吸收国外先进管理制度，结合可持续发展的战略思想，在新老八项制度以外，又推出了新的环境管理制度。

最终，2013年5月在大力推进生态文明建设的第六次集中学习会上，习近平总书记提出要实行最严格的制度、最严密的法治，为生态文明建设提供可靠保障。随着地区经济社会发展、环境质量变化以及环境管理需求的不断调整，最严格的环境保护管理制度也需应时而调。而同年8月在党的十八大报告中有明确提出，加强生态文明制度建设，要“完善最严格的耕地保护制度、水资源管理制度、环境保护制度”。近年来，中国在环境污染治理方面采取了一系列措施，取得了明显成效，但由于中国现阶段仍处于工业化、城镇化进程中，环境污染总体形势仍不容乐观。因此，建立和完善最严格的环境保护管理制度，是中国生态文明制度建设的必然要求，是中国建设生态文明社会的最新政策命题之一。至此，最严格的环境管理制度开始明确提出，并直接进入中国民众的视野中。

三、最严格环境管理制度的探索发展

最严格环境管理制度在正式提出前，在2011年，就有南京市政府对最严格环境管理制度的实施性探索，在2013年，湖北政府也宣布将会执行最严格环境保护制度，在被党十八大明确要求提出后，如深圳、温州等各地政府纷纷响应，在最严格考核制度、最严格水环境保护制度等方面努力，尝试落实最严格环境管理制度。

（一）国务院出台最严格环境考核制度

2013年9月，国务院办公厅印发《大气污染防治行动计划实施情况考核办法（试行）》，标志中国最严格大气环境管理责任与考核制度正式确立。

1. 终期考核实施质量改善绩效一票否决

2013年9月，国务院发布了《关于印发大气污染防治行动计划的通知》（以下简称《大气十条》），提出“将重点区域的PM2.5指标、非重点地区的PM10指标作为约束性指标，构建以环境质量改善为核心的目标责任考核体系；由国务院制定考核办法，开展年度考核、中期评估和终期考核”。据此，环境保护部会同发改、工信、财政、住建、能源等部门制定了考核办法。

相对于环保领域既有的考核制度，考核办法有一些新亮点：在考核指标设置上，考核办法首次提出空气质量改善目标完成情况考核指标；大气污染防治重点任务完成情况考核指标覆盖面广，涉及大气污染防治源头、过程和末端的方方面面。在考核方式选择上，考核办法在传统综合打分的基础上，切实强化空气质量改善的刚性约束作用，终期考核实施质量改善绩效“一票否决”。在考核手段运用上，由重突击检查、轻日常监管，向强化日常监管、突击检查与日常监管相结合转变，将日常综合督查结果作为考核的重要依据。

此外，考核工作充分体现分区指导原则。对大气污染严重的京津冀及周边、长三角、珠三角区域实施空气质量改善目标完成情况、大气污染防治重点任务完成情况双考核；对其他地区实施空气质量改善目标完成情况单一考核，对大气污染防治重点任务完成情况进行评估。

2. 结果交中组部，作为考核干部的重要依据

考核办法对考核主体、考核对象和考核内容做出了具体规定。翟青说，考核办法明确指出，各省、自治区、直辖市人民政府是实行《大气十条》的责任主体，政府主要负责人对本行政区域大气污染防治工作负总责；环

保部会同发改委、工信部、财政部、住建部、能源局等部门开展《大气十条》实施情况的考核工作。

翟青表示，考核办法强化了对结果的运用，考核结果报经国务院审定后，交由中共中央组织部，作为对各地领导班子、领导干部综合考核评价的重要依据。

同时，《考核办法》提出将考核结果作为中央财政安排资金的重要依据，对考核结果优秀的将加大支持力度，对考核结果不合格的，适当扣减中央财政安排资金。

对未通过考核的，由环境保护部会同组织部门、监察机关等部门约谈省级人民政府及其相关部门有关负责人；环境保护部对该地区有关责任城市实施环评限批，取消环保荣誉称号。对未通过终期考核的，对整个地区实施环评限批，此外，加大问责力度，必要时由国务院领导同志约谈省级人民政府主要负责人。

考核办法提出，对考核中发现篡改、伪造监测数据的，其考核结果确定为不合格。

3. 强调群众直观感受，注重当前和长远、显绩和潜绩统一

如何看待考核的作用？翟青说，考核既是激励措施，又是鲜明导向。考核办法的实施将对中国未来大气污染防治产生深远的影响。

首先，考核办法要求实施综合考核评价，强调群众直观感受，注重当前和长远、显绩和潜绩的辩证统一。这对加快地方环境管理模式转变具有非常明显的导向作用。

其次，考核办法实施具有综合效应，势必在一定程度上加速产业结构、能源结构调整进程，整体、全面推进中国大气污染防治工作。

此外，考核还有助于真正落实环境保护目标责任制。

（二）湖北将执行最严格环境保护制度

湖北省 2013 年谋划推动区域空气污染综合防治工程等一批环保重大

工程，执行最严格环境保护制度，加快湖北发展“竞进提质”。

为了更好地推动减排工作的进展和实施，湖北省还大力发挥经济的杠杆作用，制定“以奖代补”减排专项资金管理办法和实施方案。2013 年，湖北进一步深化排污权交易，发展交易市场，拓展交易领域，增加氨氮、氮氧化物两项因子有偿转让交易试点，将市、州环保局审批的建设项目纳入到交易范畴，全年交易不少于 4 次。充分发挥排污权抵押贷款、节能减排融资等绿色信贷功能作用，推动重点减排工程建设。

为全面改善环境质量，湖北省开展“蓝天碧水”两大行动，全面加强污染防治，提供优质生态产品。

实施蓝天行动，实施区域空气污染综合防治工程，以 PM2.5 减排为重点，确保重点城市可吸入颗粒物年均浓度下降 2% 以上。开展武汉城市圈“1+8”城市大气污染联防联控联治专项行动，确保首要大气污染物超标不超过 15% 的城市 2015 年实现达标。确保孝感、咸宁、黄石、黄冈、鄂州全部建成大气复合污染自动监测站。

实施碧水工程。加强重点流域和湖泊全防全控，确保湖北省地表水水质达到 III 类以上的比例高于 83%。继续强化“三江、五湖、六库”等重点区域水污染防治。以清江、汉江流域为试点，开展跨界断面水质考核。

湖北省还进一步贯彻落实中央“两以”政策(“以奖促治”“以奖代补”)，深入推进农村环境综合整治，解决农村突出环境问题、改善农村环境质量，建设美丽乡村。

（三）南京市政府落实最严格环境管理制度

南京市政府在 2011 年 12 月下发了《关于进一步深化环境保护工作的决定》（以下简称《决定》），表示将实施最严格环境管理制度。

根据《决定》内容，南京市的环境管理将突出从严执行排放标准、强化环境执法监管和加强环保能力建设等方面的内容。这些方面都将参照目前国内最严格的标准和执法力度。

按照该《决定》，今后南京在对企业的排放标准方面，将参照最严格的大气污染物和太湖地区水污染物排放标准要求，从严执行化工、造纸、冶金、建材、电镀、食品等重点行业的环保标准，倒逼企业对工艺提档升级，对污染实施深度处理，确保主要工业污染物排放达到国内标准水平。实施城镇污水处理厂提标改造，主要城镇生活污水处理厂污染物排放达到一级A标准。

南京将建立健全最严厉的环境执法监督体系，加强环境保护日常监管和执法检查，采取挂牌督办、限期治理等手段，严肃查处环境违法行为。推行生产者责任延伸制度，完善企业环境监督员制度。

此外，在之后几年内，南京还将建设覆盖完整、布局合理的环境监测站点和重点污染源在线监控设施。按照环境质量保障和国际赛事要求，建设市环境监测与应急中心，形成全国一流的环境监测、监控、预警与应急保障能力。

（四）深圳启动最严格环境监察执法

深圳市人居委与市公安局已于今年正式联合发布了《关于做好环境污染犯罪案件联合调查和移送工作意见》(以下简称《意见》)，标志着深圳已形成环境行政执法与刑事司法联动机制，将用最严格的环境监管执法加大对环境污染犯罪的打击力度，全力保护深圳的碧水蓝天。

1.深圳一半以上河流处于被污染状态

据了解，深圳共有三百多条河流，至今仍有一半以上河流处于被污染状态，而以往环保部门在行政执法中，一直存在执法手段少、力量弱，执法效果偏软、偏弱的情况。市人居委主任刘忠朴表示，“《意见》发布实施后，深圳将用最严格的监管，最严厉的处罚，对达到涉嫌‘污染环境罪’移送标准的，毫不留情地移送公安机关立案查处。”市人居委法规处处长许化也表示，今年对涉嫌严重环境违法的案件，将启动环保公安案件联合调查制度。“在重大案件的查处过程中，对一些很明显涉及违法犯罪行为的，我们将用联络机制请公安提前介入，因公安的介入可以及时控制犯罪嫌疑人，调取到更有力的证据，从而使案件得到及时办理。”

深圳市公安局治安巡警支队队长谢寒称，今年实施的刑法修正案，已将重大环境污染事故罪修改为污染环境罪，今年二月，公安部也将此类犯罪划归治安部门管辖，“接下来我们要落实好派出所、分局、市局三级对口联络机制，依法及时介入，以零容忍态度坚决打击环境污染犯罪，并形成长效打击机制。”

2. 联合开展六项环境执法专项行动

据了解，从去年“两高”关于“污染环境罪”入罪标准的司法解释公布后，深圳各级环保、公安部门主动联合行动，已对涉嫌环境污染犯罪的 11 名嫌疑人予以刑事拘留，其中 1 名犯罪嫌疑人已依法被法院判处有期徒刑，3 名犯罪嫌疑人被批捕。

联动执法机制启动后，今年市人居委将联合公安部门开展以防止重金属污染为重点的六项环境执法专项行动。具体行动为：防止重金属污染专项行动、保护水源专项行动、大气环境专项行动，以及以保护河流、西部海湾为重点的专项行动等。刘忠朴表示，防止重金属污染是今年深圳联合执法的重点，“我们将全面排查大量排放重金属，对环境、河流污染危害最大的电镀企业、线路板企业、小五金企业等，用最严格的环境监管执法保卫深圳碧水蓝天”。

（四）温州出台最严格水环境保护制度

乐清湾位于温州、台州交界处，被称为金色海湾，但它的水质每况愈下。2012 年环境公报和海洋渔业部门监测显示，乐清湾海域为劣四类海水。

2013 年浙江省环保厅准备出台《乐清湾污染综合防治方案》。据该方案，浙江拟在乐清湾区域实行最严格的水环境保护制度，目标是到 2017 年，乐清湾区域污染得到有效整治，水质有所改善。

整治期间，乐清湾区域将执行“五个一律”的最严环境监管措施：对超过纳管排放标准排入污水处理厂的企业，一律限期整治；对没有达标、直接排放的企业一律停产整治；对没有污水处理设施，也没有接入排污管网的企业，一律关停；对违法排污、严重超标排放的企业，一律按最高限额进行处罚；对涉嫌环境犯罪的，一律由司法机关处置。

此外，在加快完成重污染高耗能行业整治提升、优化乐清湾区域产业布局和结构基础上，2015 年底前，该区域各类重金属排放量将削减 60%以上；2017 年底前，在乐清湾全流域执行国家水污染物特别排放限值。

最严格环境管理制度虽然真正提出的时间不是很长，然而看湖北省以及南京市政府等的尝试实施，可以看到最严格环境保护管理制度的实施，对环境保护管理工作有不错的效果。然而，在党的十八大正式明确提出要求后，各地政府虽然纷纷响应落实，但也就是限于在最严格考核制度、最严格水环境保护制度等方面进行尝试实施，目前还没有正式的最严格环境管理制度出台，因而，对最严格环境管理制度的制定研究有着深刻的意义。

第二节　重污染行业最严格环境管理制度的研究意义

党的十八大和十八届三中全会对加快建设生态文明制度，完善最严格的环境保护管理制度提出了明确要求。建立和完善重污染行业最严格的环境保护管理制度是实现生态文明建设宏伟目标的重要保障和基础，是缓解资源环境约束与经济社会发展之间矛盾、推动国家经济绿色转型、顺应全球可持续发展潮流的内在要求，也是深化环境保护管理制度改革、推动环境保护管理顶层设计和战略转型的重要任务，具有重大的理论意义和现实意义。

一、重污染行业最严格环境管理制度的理论意义

最严格的环保管理制度是相对于过去的环保管理制度来说的。最严格的环境保护管理制度的内涵是，为应对环境污染与生态破坏严峻形势，在

原有环境保护制度的基础上，在污染产生、转移或扩散、治理等全过程中严把保护关，在大力强化环境保护监督管理的同时，建立健全生态环境保护责任追究和环境损害赔偿等制度，从而实现污染持续下降、生态持续改善。

重污染行业最严格环境管理制度的理论意义可以从以下几个方面表现：

（一）优化环境资源配置，促进经济发展方式转变

加快转变经济发展方式，关系我国建设中国特色社会主义事业大局，是贯彻落实科学发展观，实现国民经济又好又快发展的根本要求。重污染行业最严格环境管理制度的研究有利于优化环境资源的配置，加大环保产业的大力发展，促进经济发展方式转变。

实现资源的优化配置和生产力合理布局，从而切实把国家富民强国的战略、结构调整的目标，科学地落实到时间和空间上，落实到产业布局上，落实到各类规划上，并指导发展的具体实践，可以从源头上控制环境污染和生态破坏，为转变经济发展方式，实现环境保护及经济的可持续发展奠定坚实的基础。促进传统产业的高新技术化和高新技术的产业化以及优势产业的生态化，可以提高资源的利用效率，减少污染物排放总量，为全国经济可持续发展提供环境支撑。

（二）着力解决突出环境问题，持续改善环境质量

发展环境和生态环境存在的突出问题，已经成为制约科学发展、影响人民生活的“拦路虎”和“绊脚石”，急需环保管理制度改革，提出有效治理突出环境污染问题的环保管理制度，而重污染行业最严格环境管理制度的研究正是顺应了这种要求。

改善大气和水环境质量，最基本的是保持生产空间、生活空间、生态空间比较协调的格局，优化城乡规划，深化全民义务植树活动，这样可以更好发挥自然恢复的重要作用。同时，要切实增强政府的环保责任感和紧迫感，坚持标本兼治，以项目为抓手扎实推进防治工作，持续改善大气环境和水环境质量。

（三）强化环境监督管理，切实维护环境安全

重污染行业环境管理制度研究有利于有效防范重污染行业环境污染事件发生，切实维护社会稳定和公众环境权益，也可以鞭策企业在发展过程中重视环境保护工作，而政府则应该按照环境管理制度，把防范重污染行业的环境污染问题作为环保工作的重中之重，不断完善执法监管手段，加大执法监管力度，保障区域环境安全。

重污染行业环境管理制度对环境监管工作提出了三方面的要求：一是要求重污染行业企业制定详细的整改方案，限期整改，做到生产废气进行全面治理，确保环境保护设施长期、稳定的达标排放。二是要求监察大队进一步加大监管区域内有污染物排放企业的环境监管，对企业存在的问题加大督促整改力度，做到不整改不放过的原则，努力遏制环境污染事故的发生，保障人民群众的环境权益。三是要求在开展现场检查的同时，对重污染行业企业存在的问题，要做好服务协调工作，共同研究解决，消除环境安全隐患，确保环境安全。

（四）加强环保基础能力建设，提升环境公共服务水平

重污染行业最严格环境管理制度的建立研究，要求将环境监测纳入政府提供公共服务的重要内容，围绕实现监测装备现代化、监测技术科学化和数据传输网络化的目标，加快环境监测站建设，提升环境监测能力，环境基本公共服务能力将不断提升。

可以从以下三方面加强环保基础能力建设，提高环境公共服务水平：

1. 推进环境保护基本公共服务均等化

制定国家环境功能区划。根据不同地区主要环境功能差异，以维护环境健康、保育自然生态安全、保障食品产地环境安全等为目标，结合全国主体功能区规划，编制国家环境功能区划，在重点生态功能区、陆地和海洋生态环境敏感区、脆弱区等区域划定“生态红线”，制定不同区域的环境目标、政策和环境标准，实行分类指导、分区管理。

加大对优化开发和重点开发地区的环境治理力度，结合环境容量实施严格的污染物排放标准，大幅度削减污染物排放总量，加强环境风险防范，保护和扩大生态空间。加强对农产品主产区的环境监管，加强土壤侵蚀和养殖污染防治。对自然文化资源保护区依法实施强制性保护，维护自然生态和文化遗产的原真性、完整性，依法关闭或迁出污染企业，实现污染物“零排放”。严格能源基地和矿产资源基地等区域环境准入，引导自然资源合理有序开发，实施区域环境保护战略。

2. 提高农村环境保护工作水平

保障农村饮用水安全，建立和完善农村饮用水水源地环境监管体系，加大执法检查力度。开展环境保护宣传教育，提高农村居民水源保护意识。在有条件的地区推行城乡供水一体化。

提高农村生活污水和垃圾处理水平。鼓励乡镇和规模较大村庄建设集中式污水处理设施，将城市周边村镇的污水纳入城市污水收集管网统一处理，居住分散的村庄要推进分散式、低成本、易维护的污水处理设施建设。

提高农村种植、养殖业污染防治水平。引导农民使用生物农药或高效、低毒、低残留农药，农药包装应进行无害化处理。大力推进测土配方施肥，推动生态农业和有机农业发展。加强废弃农膜、秸秆等农业生产废弃物资源化利用。

改善重点区域农村环境质量。实行农村环境综合整治目标责任制，实施农村清洁工程，开发推广适用的综合整治模式与技术，着力解决环境污染问题突出的村庄和集镇。优化农村地区工业发展布局，严格工业项目环境准入，防止城市和工业污染向农村转移。对农村地区化工、电镀等企业搬迁和关停后的遗留污染要进行综合治理。

3. 加强环境监管体系建设

以基础、保障、人才等工程为重点，推进环境监管基本公共服务均等化建设，到 2015 年，基本形成污染源与总量减排监管体系、环境质量监测与评估考核体系、环境预警与应急体系，初步建成环境监管基本公共服务体系。

（五）完善环境保护体制机制，提高环境管理效能

重污染行业最严格环境管理制度的研究建立，可以健全环境法规和标准体系，加大对违法行为的处罚力度，重点解决重污染行业突出的环境污染问题。这就要求按照生态系统管理的要求，在“国家监察、地方监管、单位负责”的基础上，探索实行职能有机统一的最严格的环境管理体制。

重污染行业环境管理制度的研究建立，可以加强环境保护执法力度，增加环境保护投入，解决环境管理结构人员不足的问题，提升和加强环境保护部门的地位和能力，建立环境管理的考核机制，有效提高环境管理的效能。还可以强化环境保护和生态建设的法律监督。这就要求加强对有关法规实施情况的执法检查，对严重违反环境保护、自然资源利用等法律法规的重大问题，依法进行处置。

二、重污染行业最严格环境管理制度的现实意义

重污染行业最严格环境管理制度，就是在当前经济社会发展阶段和技术水平条件下，为解决重污染行业突出生态环境问题，确保生态环境阈值底线不被逾越和突破，以及为满足生态文明建设目标需求和要求而制定的环境保护制度，它更具有刚性和约束力，并能够得到有效实施和执行。最严格的环境管理制度包括一系列具体的目标、体系、执行与考核等，具有阶段性与动态性、科学性与公平性、区域性与差异性、可达性与有效性等基本特征。

对重污染行业最严格环境管理制度的理解和认识，应把握几个关键点：

第一，最严格环境管理制度是一个政治表述，不属于纯粹科学意义上的概念。它体现国家的政治意愿，虽然不是科学意义上的概念，但在制定和执行具体制度时应遵循科学合理性。

第二，最严格环境管理制度是一个相对意义上的概念。从历史纵向角

度看，在当时条件下，环境管理制度可能是最严格的，但是在新的发展阶段和条件下，这些制度应比过去更为严格。从地区或国家横向角度看，当前发展阶段下，中国的环境管理制度可能比其他发达国家同等发展阶段下的制度更为严格，甚至某些具体制度与发达国家当前一样严格或更为严格。

第三，最严格环境管理制度是整个环境保护管理制度体系的升级与优化，但是，在具体操作中需要根据所要解决问题的重要性与紧迫性，分阶段针对具体的制度进行重点突破和改进。

第四，最严格环境管理制度是制度设计、执行、考核等不同阶段全过程的严格化，是能够得到最有效实施和执行的环境管理制度。“最严格”不仅体现在不断提高制度设计过程中，还体现在制度的执行与绩效评估考核过程中。

第五，最严格环境管理制度是为解决已经退化到阈值底线的生态环境问题而提出的制度和政策调整的主张。因此，制度调整的倾向是更加刚性化和更有约束力，需要采取更为严格的措施和政策等，目的是为了确保生态环境阈值底线不被逾越和突破。

从长期看，建立和完善重污染行业最严格环境管理制度是整个环境管理制度体系的刚性化和严格化，是对当前制度体系整体和系统的改造，是对制度框架中各要素的普遍升级，从而适应建立系统完整的生态文明制度体系的要求。

从短期看，建立和完善重污染行业最严格环境管理制度是要结合当前的环境管理能力和需求，在现有的环境管理制度框架下，将一部分急需建立、改进或落实的制度严格化，以解决目前最为突出的环境管理制度问题。

三、最严格环境管理制度的研究内容、目的以及思路

（一）研究内容

最严格环境管理制度的研究内容主要是，在对重污染行业的污染问题以及目前的环境管理状况进行研究的基础上，尝试进行重污染行业最严格

环境管理制度的设计，具体内容有以下几点：

第一，调研重污染行业环境管理制度研究领域的国内外研究进展，引入先进的管理理念，结合国内外实践成功经验，从政府管理、行业内部管理以及公众监督等方面构建适合于中国国情的完备、有效、可持续改进的污染行业环境管理制度体系框架。

第二，调研典型工业企业水环境及大气环境污染物排放概况，分析与界定重污染行业具体名单；以行业发展定位及工业发展规划为基础，剖析现有的重污染行业的发展瓶颈及其带来的环境问题。

第三，以行业发展定位及工业发展规划为基础，综合考虑现有的重污染行业的发展规模、空间分布以及主要污染物的单位 GDP 排放量等因素，筛选出典型重污染行业，作为建立最严格环境保护管理制度的实证研究对象。

第四，从政府管理（准入门槛、排污管理、清洁生产和政府监督）、行业内部管理和公众监督三个方面调研武汉市典型重污染行业的环境管理体系及相关标准的执行现状，分析存在的问题，结合其他一些地区的地方性标准，探讨制定该行业更严格的环境管理体系及相关标准。

第五，以本研究构建的污染行业环境管理制度体系框架以及探讨制定的典型污染行业最严格的环境管理标准为基础，研究草拟典型污染行业最严格环境管理制度配套办法。

（二）研究目的

本书研究的目的主要是在进行大量的调研研究的基础上，最终建立重污染行业最严格环境管理制度，以求对目前日益严峻的环境污染问题做出一点贡献。具体有以下几点：

第一，综合国内外研究成果及实践经验，构建完备、可持续、完善的重污染行业环境管理制度顶层设计系统框架。

第二，分析重污染行业的时空概况，结合目前行业发展定位及工业发展规划，剖析目前市域范围内的重污染行业的发展瓶颈及其带来的环境问题。

第三，结合重污染行业的发展现状及规划，选择典型性行业，在重污染行业环境管理制度顶层设计系统框架的基础上，探讨建立该行业的最严格环境管理制度体系及配套管理办法。

（三）研究思路

1. 研究方法

（1）国内外研究进展及实践资料调研

调研国内外污染行业的环境管理体系构建的研究进展、国内其他地区实践经验及相关体系标准。调研的主题内容包括政府管理（环境准入标准、排污管理、清洁生产、政府监督等）、行业内部管理（行业自我规制体系）、公众监督（信息公开、公众参与等）。

（2）重污染行业的界定与筛选

调研一些典型工业企业的单位 GDP 主要污染物的排放强度，并按行业分类进行排序，结合环保部公布的《上市公司环境信息披露指南》中界定的 16 类重污染行业，分析武汉重污染行业结构特点。将单位 GDP 主要污染物的排放强度排名靠前、地区企业数较多或未来规划重点发展的行业作为典型重污染行业，分析这些行业的经济与环境效益，剖析其面临的发展瓶颈，并以此作为重污染行业最严格的环境管理体系的实证研究对象。

（3）典型重污染行业的环境管理现状调研

考虑污染物的排放强度以及企业发展规模，本方案将综合污染物排强度的分析结果、行业执行环境管理制度的必要性以及资料的可获性，选择典型重污染行业作为实证研究对象。调研目前对该行业执行的环境管理制度及其执行效果。

调研的行业环境管理制度主要包括环境准入标准、排污管理（污染物排放标准、污染物减排任务、排污收费标准等）、清洁生产、政府监督（淘汰名录、产品清单、排污监察等）、行业内部管理（行业自我规制体系）、公众监督（信息公开、公众参与等）。

（4）典型重污染行业最严格环境管理实证研究

以重污染行业环境管理制度框架的构建为基础，逐条分析化工行业的环境管理制度存在的问题与局限性，借鉴一些城市成功经验，结合实际情况，逐条细化、填充制定更为严格可行的环境管理制度及标准。

（5）典型重污染行业最严格环境管理制度配套办法的制定

结合市场需求及政府管理的双向需求，对项目新建、设施配套、监察监管、自查审计、信息公开、公众参与等多个程序制定典型重污染行业最严格的环境管理制度的政策措施及运行机制，构建最严格环境管理制度的执行配套办法。

2. 技术路线

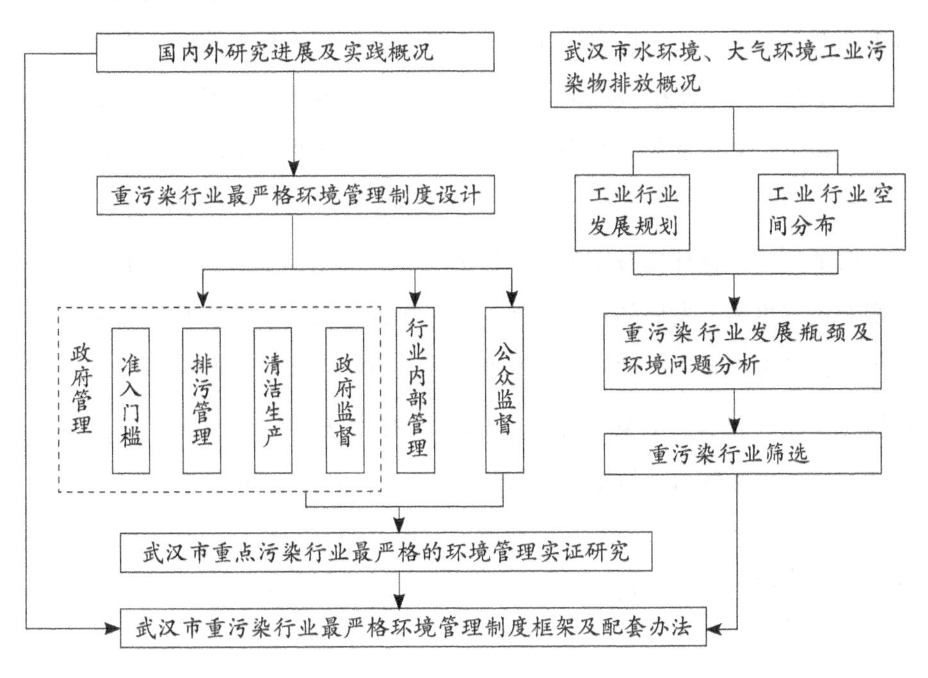

图 1–1　技术路线图

第二章　重污染行业环境管理概述

第一节　环境与环境问题

环境，人类生存和发展的基础：提供人类生存和发展的生态系统和自然资源；自动、安全地吸收人类生产、生活产生的大部分废弃物；优美的环境还有愉悦的功能。但自工业革命以来，伴随着人口的增加、工商业的发展、自然资源的加速消耗，环境问题——环境污染和生态破坏的问题——逐渐凸显了出来，至今，环境问题已成为人类共同面临的全球性危机之一。

一、环境的概念

所谓环境，在环境科学中，系指围绕着人的全部空间以及其中一切可以影响人的生活与发展的各种天然的与人工改造过的自然要素的总称。由此可见，环境是个很大的概念，按要素分，有自然环境与社会环境。自然环境包括大气、水、土壤、地质、矿藏、生物、星球、宇宙等；社会环境包括聚居环境（院落、村镇、城市等）、生产环境（厂矿、农场等）、交通环境（车站、港口等）、文化环境（学校、剧院、风景名胜、自然保护区等）。按环境的功能分，有劳动环境、生活环境、生态环境、区域、流域、全球环境等。

从环境的法律定义说，各国不同时期对它的表述方式有所不同，反映出不同时期人们对环境认识的发展及立法的目的。现行的《中华人民共和国环境保护法》第二条对环境的界定是：“本法所称环境，是指影响人类生存和发展的各种天然的和经过人工改造的自然因素的总体，包括大气、水、海洋、土地、矿藏、森林、草原、野生生物、自然遗迹、人文遗迹、自然保护区、风景名胜区、城市和乡村等。”可见，法律规定的是一个“大环境”的概念，既包括自然环境，也包括人工环境。

自然环境，即影响人类生存和发展的各种天然因素的总和，包括大气、水、海洋、土壤、矿藏、原始森林、天然草原、野生生物、自然遗迹等。自然环境中诸因素相互作用、相互影响，构成自然生态系统。如这一生态系统遭受某一外来不利冲击(如污染)，其平衡可能被破坏，致使状况恶化。

人工环境是人类为满足自己的需要，对自然环境进行改造的结果，包括人文遗迹、自然保护区、风景名胜区、城市和乡村等。人工环境中诸因素相互作用、相互影响，构成人工生态系统。如这一生态系统遭受某一外来不利冲击(如污染)，其平衡也可能被破坏，致使状况恶化。

自然环境和人工环境相互作用、相互影响，构成人类赖以生存和发展的生态系统。

二、环境的功能

环境主要有以下几大功能：

(一)生命支持

环境提供人类赖以生存的生态系统。它为人类提供的服务，大部分是维持生命不可缺少的。这些服务的减少将使人类生存受到直接威胁，例如，臭氧层的破坏可能给人类带来灾难性的后果。

(二)提供自然资源

有些自然资源可以直接为家庭所消费，如一些野生动植物可以直接为人食用；清洁的河水可以直接为人饮用。大部分自然资源必须经过加工才能为家庭所消费。自然资源可分为可再生资源和不可再生资源，前者如耕地、森林、渔场等，后者如化石燃料、矿藏等。但即使是可再生资源，如果过度开发和利用也可能丧失其可再生性。例如，过度放牧会导致草地沙漠化。因此，可再生资源与人类之间是互动的关系。可再生资源为人类提供服务；人类合理开发和利用可再生资源，可以促进可再生资源增加，过度开发和利用，会使可再生资源丧失其再生性。对于不可再生资源，人类只能尽量节约，延缓其耗竭。

（三）废弃物吸收

人类生产、生活产生的大部分废弃物为环境自动、安全吸收。但是环境吸收废弃物的能力（即环境容量）是有限的。如果废弃物的排放超过了环境容量，就会形成污染。同时，有些废弃物不能为环境自动、安全吸收，如放射性物质、重金属废物、塑料、有毒化学物质等。

（四）愉悦

环境的愉悦功能对人的发展来说是十分重要的，而且，随着人类发展，这一功能将越来越重要。旅游业的繁荣正是人类这种需要的表现。

三、环境的价值

世界银行认为，过去衡量国家财富时通常用人均国民生产总值（GNP）来表示，这种做法很不全面，必须扩大对国家财富的理解与衡量手段。存在着 4 种类型的资本：

人造资本或产品资本，如机器、工厂、道路、产品与服务等。

自然资本，即上述各种天然的和经过人工改造的自然因素的价值。

人力资本，包括各类不同的劳动力、知识与技能，对教育、保健与营养方面的投资等。

社会资本，一个社会能够发挥作用的文化基础、社会关系和制度等。

GNP 只能反映产品资本，而可持续发展理论则尤其重视自然资本及人力资本的作用及其价值，强调自然资本是人类能否永续发展的物质基础。一些传统的价值理论均未赋予自然资源以价值的概念，人们在使用自然资源过程中也从未考虑其成本，结果造成了自然资源的过度消耗、水源枯竭、空气恶化等等。自然资源的使用价值与存在价值及其本身的有限性、稀缺性决定了它们确实是很有价值的。现在，环境经济学已经发展了一系列方法可以用来估算这些价值(如生产价格法、成本法、净价法、间接定价法等)。

四、环境的特点

一些环境资源，如大气、河流、公共湖泊等，是比较典型的公共物品或公共财产，具有以下特点：

(一)整体性与区域性

整体性即系统性，指环境系统与各子系统及环境要素之间具有相互联系、作用与依存的关系。区域性指不同时空中的环境系统特性所存在的差异，如城市与农村环境的差异。

(二)变动性与稳定性

变动性指由于人类或自然因素作用，超过环境系统的承载力时，环境系统的组成、结构与状态发生显著变化的特性。而当其作用不超过环境系统的承载力时，系统在自我调节能力的作用下，则处于一个相对稳定的状态，此即环境系统的稳定性。

(三)滞后性与脆弱性

滞后性指自然环境受到外界影响后，其产生的变化往往是潜在的、滞后的。主要表现为引发的许多影响不能很快表现出来，以及发生变化的范围和程度很难了解清楚。脆弱性指环境系统一旦被破坏后，所需恢复的时间很长且很难恢复。如目前大气中臭氧层破坏要恢复到原来为破坏前的状态将需要很长的时间，某些已灭绝的生物要再恢复几乎是不可能的。

(四)资源性与价值性

人类生存与发展要求环境系统有所付出(如矿山开采)，就是资源性。同时环境也要求人类有必不可少的投入(即付出一定的劳动代价)，这就是其价值性。

(五)稀缺性

稀缺性乃是生活中的基本事实。不存在免费午餐。若想多得到一些新鲜空气或清洁的水，就必须放弃自由地排放废弃物。

（六）非竞争性（nonrivalrous）与非排他性（nonexcludability）

环境具有非竞争性与非排他性，因而具有公共物品性。非竞争性，即一个人对一种公共物品（如大气、公路旁边的花园）的消费（或享受）并不会减少其他人对这种物品的消费，或者说将它提供给额外一个人的边际成本绝对等于零。非排他胜，即要排除任何人享受一种公共物品的利益要花费非常大的成本。公共物品有一个程度问题。同时完全满足非竞争性与非排他性的公共物品，称为纯公共物品。许多环境物品不是纯公共物品，或者仅在某种程度上（但不是完全）同时满足这两个特征，如一个很大的湖泊，额外一个人在湖泊上捕鱼的成本（湖泊里鱼的减少）确实非常非常小，但是绝不等于零，并且要禁止人们在湖泊上捕鱼（或向他们收费），虽然成本较高，也是可能的。或者在某种程度上却具有它的一种或另一种特征。如，圈围起来的收费公园，就其排除人们使用很容易而言，它很像一种私人物品；但是，就其覆盖额外一个人的成本很低（只有在十分拥挤时，为额外一个人提供服务才有较高的成本）而言，它又很像一种公共物品。

公共物品的非排他性使其获益者有避免付费的激励，这是公共物品的搭便车问题。搭便车问题使私人市场对公共物品供给不足。例如城市街心花园，每个市民都有激励去“免费搭乘”的想法。这样，街心花园就建不起来。

政府在解决公共物品的搭便车问题方面有着重要的优势。它有强制公民为公共物品付费的权力。在没有政府干预的情况下，对公共物品可能有一定水平的购买，比如公路边的花园、街道清洁卫生。但是，如果政府通过征税，强制公民为增加公共服务水平付费，这些物品的生产将增加，社会会变得更好。

（七）外部性

基本竞争模型假定，市场上，个人或厂商承担其行为的全部后果。但现实经济生活中，个人或厂商的行为直接影响到他人，或给他人带来收益或损害，却没有得到相应报酬或支付赔偿的现象普遍存在。经济学称此类现象为外部性。外部性在本质上是未被市场交易所体现的额外成本和额外收益。

外部性可区分为正外部性和负外部性两类。正外部性，即未被市场交易所体现的额外收益。环境保护、自然保护等是具有正外部性的典型。当某市一家钢铁厂安装治污设备大幅度减少有害气体排放时，全市居民都会受益。而钢铁厂却不能通过市场获得相应报酬。

负外部性，即未被市场交易所体现的额外成本。在公共休息、学习或工作场所制造噪声，不遵守公共卫生，不爱护公共设施（如践踏花园、草地），环境污染，过度开发自然资源（如过度放牧、竭泽而渔、大规模砍伐森林）等是具有负外部性的典型。以工厂排放污染气体为例，工厂从排放污染中获益，因为与它使用污染控制设备相比，工厂可以更便宜地生产其产品。而社会作为一个整体承担污染的负外部性成本。

当存在外部性时，市场对商品的配置是缺乏效率的。具有正外部性的产品，市场供给不足。因为个人或厂商在决定生产多少时，只考虑自己获得的收益，而不考虑是否会给别人带来好处。这样，具有正外部性的产品生产，其私人收益就低于社会收益，从而由私人边际收益和边际成本决定的私人最优产量（市场供给）就低于由社会边际收益和边际成本决定的社会最优产量。

市场对于具有负外部性的产品供给过量。因为生产者在决定生产多少时只考虑自己实际面对的成本（私人成本），不考虑给别人造成的成本（损害）。这样，具有负外部性的产品生产，其私人成本就低于社会成本（经济中所有个人所承担的成本），从而由私人边际成本和边际收益决定的私人最优产量（市场供给）就高于由社会边际成本和边际收益决定的社会最优产量。

五、环境问题的产生

一般地说，环境问题，即环境污染和生态破坏的问题，其中，环境污染问题包括大气污染、水体污染、土壤污染和由此引致的全球变暖、臭氧层破坏、酸雨、生物病理性变化等问题；生态破坏问题包括水土流失、森林砍伐、土地沙化碱化、物种减少、生物多样性消失等。

事实上，至人类出现以来，环境问题就出现了，但在很长一段历史时期，无论对于世界还是民族国家来说，环境问题都主要是局部性的，都没有引起世界的广泛关注。环境问题真正成为全球性问题、成为整个人类共同面临的危机，并引起世界广泛关注是20世纪60年代以来的事。

当然，自20世纪60年代以来，世界各国，特别是发达国家针对环境污染和生态破坏采取了一些措施，一些地区或国家或区域环境有所改善。但就世界范围来说，环境问题仍在不断加剧。

联合国环境规划署有关的材料显示，地球上的环境正在恶化，人类正面临十大环境威胁：（1）土壤资源遭到破坏，110个国家的可耕地肥沃程度在降低；（2）气候变化，温室效应威胁着人类；（3）生物的多样性在减少；（4）森林面积日益减少；（5）水污染和淡水资源受到威胁，发展中国家80%~90%的疾病和1/3的死亡者的死因与水污染有关；（6）化学污染日趋严重，数百万种化合物存在于空气、土壤、水、植物、动物和人体中；（7）固体废弃物污染和混乱的城市化；（8）海水污染、海洋生态危机加剧；（9）空气污染严重；（10）极地臭氧层空洞在扩大，其中北极臭氧层损失20%~30%，南极臭氧层损失50%以上。

六、典型的重大环境问题

到目前为止已经威胁人类生存并已被人类认识到的环境问题主要有：全球变暖、臭氧层破坏、酸雨、淡水资源危机、能源短缺、森林资源锐减、土地荒漠化、物种加速灭绝、垃圾成灾、有毒化学品污染等众多方面。

（一）全球变暖

全球变暖是指全球气温升高。近100多年来，全球平均气温经历了冷—暖—冷—暖的波动，总体看为上升趋势。进入1980年代后，全球气温明显上升。1981—1990年全球平均气温比100年前上升了0.48℃。导致全球变暖的主要原因是人类在近一个世纪以来大量使用矿物燃料（如煤、石油等），排放出大量的CO_2等多种温室气体。由于这些温室气体对来自太阳辐射的短波具有高度的透过性，而对地球反射出来的长波辐射具有高度的吸收性，也就是常说的温室效应，导致全球气候变暖。全球变暖的后果，会使全球降水量重新分配，冰川和冻土消融，海平面上升等，既危害自然生态系统的平衡，更威胁人类的食物供应和居住环境。

（二）臭氧层破坏

在地球大气层近地面20~30公里的平流层里存在着一个臭氧层，其中臭氧含量占这一高度气体总量的十万分之一。臭氧含量虽然极微，却具有强烈的吸收紫外线的功能，因此，能挡住太阳紫外线辐射对地球生物的伤害，保护地球上的一切生命。然而人类生产和生活所排放出的一些污染物，如冰箱、空调等设备制冷剂的氟氯烃类化合物以及其他用途的氟溴烃类等化合物，它们受到紫外线的照射后可被激化，形成活性很强的原子与臭氧层的臭氧（O_3）作用，使其变成氧分子（O_2），这种作用连锁般地发生，臭氧迅速耗减，使臭氧层遭到破坏。南极的臭氧层空洞，就是臭氧层破坏的一个最显著的标志。到1994年，南极上空的臭氧层破坏面积已达2400万平方公里。南极上空的臭氧层是在20亿年里形成的，可是在一个世纪里就被破坏了60%。北半球上空的臭氧层也比以往任何时候都薄，欧洲和北美洲上空的臭氧层平均减少了10%~15%，西伯利亚上空甚至减少了35%。因此科学家警告说，地球上空臭氧层破坏的程度远比一般人想象的要严重得多。

（三）酸雨

酸雨是由于空气中二氧化硫（SO_2）和氮氧化物（NOx）等酸性污染物引起的pH值小于5.6的酸性降水。受酸雨危害的地区，出现了土壤和湖泊酸化，植被和生态系统遭受破坏，建筑材料、金属结构和文物被腐蚀等等一系列严重的环境问题。酸雨在20世纪50至60年代最早出现于北欧及中欧，当时北欧的酸雨是欧洲中部工业酸性废气迁移所至，1970年代以来，许多工业化国家采取各种措施防治城市和工业的大气污染，其中一个重要的措施是增加烟囱的高度，这一措施虽然有效地改变了排放地区的大气环境质量，但大气污染物远距离迁移的问题更加严重，污染物越过国界进入邻国，甚至飘浮很远的距离，形成了更广泛的跨国酸雨。此外，全世界使用矿物燃料的量有增无减，也使得受酸雨危害的地区进一步扩大。全球受酸雨危害严重的有欧洲、北美洲及东亚地区。我国在1980年代，酸雨主要发生在西南地区，到1990年代中期，已发展到长江以南、青藏高原以东及四川盆地的广大地区。

（四）淡水资源危机

地球表面虽然2/3被水覆盖，但是97%为无法饮用的海水，只有不到3%是淡水，其中又有2%封存于极地冰川之中。在仅有的1%淡水中，25%为工业用水，70%为农业用水，只有很少的一部分可供饮用和其他生活用途。然而，在这样一个缺水的世界里，水却被大量滥用、浪费和污染。加之区域分布不均匀，致使世界上缺水现象十分普遍，全球淡水危机日趋严重。世界上100多个国家和地区缺水，其中28个国家被列为严重缺水的国家和地区。预测再过20~30年，严重缺水的国家和地区将达46~52个，缺水人口将达28亿~33亿人。我国广大的北方和沿海地区水资源严重不足，据统计我国北方缺水区总面积达58万平方公里。全国500多座城市中，有300多座城市缺水，每年缺水量达58亿立方米，这些缺水城市主要集中在华北、沿海和省会城市、工业型城市。世界上任何一种生物都离不开水，人们贴切地把水比喻为“生命的源泉”。然而，随着地球上人口的激增，生产迅速发展，水已经变得比以往任何时候都要珍贵。一些河流和湖泊的枯竭，地下水的耗尽和湿地的消失，不仅给人类生存带来严重威胁，而且许多生物也正随着人类生产和生活造成的河流改道、湿地干化和生态环境恶化而灭绝。不少大河如美国的科罗拉多河、中国的黄河都已雄风不再，昔日“奔流到海不复回”的壮丽景象已成为历史的记忆了。

（五）资源、能源短缺

当前，世界上资源和能源短缺问题已经在大多数国家甚至全球范围内出现。这种现象的出现，主要是人类无计划、不合理地大规模开采所至。我国正处于工业化的加速期，能源供需矛盾日益尖锐突出。按照目前以煤炭为主导的能源结构，2020 年我国将面临至少 10 亿吨标准煤的能源缺口。而根据中国工程院的研究，2050 年我国人均装机容量要达到美国 2002 年的人均装机的一半水平，就得需要电力装机 24 亿千瓦，而常规能源发电即使发挥到最大能力也只能提供 17 亿千瓦的装机，距 24 亿千瓦至少有 30% 的缺口。从石油、煤、水利和核能发展的情况来看，要满足这种需求量是十分困难的。因此，在新能源（如太阳能、快中子反应堆电站、核聚变电站等）开发利用尚未取得较大突破之前，世界能源供应将日趋紧张。此外，其他不可再生性矿产资源的储量也在日益减少，这些资源终究会被消耗殆尽。

（六）森林锐减

森林是人类赖以生存的生态系统中的一个重要的组成部分。地球上曾经有 76 亿公顷的森林，到 20 世纪初下降为 55 亿公顷，到 1976 年已经减少到 28 亿公顷。由于世界人口的增长，对耕地、牧场、木材的需求量日益增加，导致对森林的过度采伐和开垦，使森林受到前所未有的破坏。据统计，全世界每年约有 1200 万公顷的森林消失，其中占绝大多数的是对全球生态平衡至关重要的热带雨林。对热带雨林的破坏主要发生在热带地区的发展中国家，尤以巴西的亚马孙情况最为严重。亚马孙森林居世界热带雨林之首，但是，到 20 世纪 90 年代初期这一地区的森林覆盖率比原来减少了 11%，相当于 70 万平方公里，平均每 5 秒钟就有差不多一个足球场大小的森林消失。此外，在亚太地区、非洲的热带雨林也在遭到破坏。

（七）土地荒漠化

简单地说土地荒漠化就是指土地退化。1992 年联合国环境与发展大会对荒漠化的概念做了这样的定义："荒漠化是由于气候变化和人类不合理的经济活动等因素，使干旱、半干旱和具有干旱灾害的半湿润地区的土地发生了退化。"1996年6月17日第二个世界防治荒漠化和干旱日，联合国防治荒漠化公约秘书处发表公报指出：当前世界荒漠化现象仍在加剧。全球现有12亿多人受到荒漠化的直接威胁，其中有1.35亿人在短期内有失去土地的危险。荒漠化已经不再是一个单纯的生态环境问题，而且演变为经济问题和社会问题，它给人类带来贫困和社会不稳定。到1996年为止，全球荒漠化的土地已达到3600万平方公里，占到整个地球陆地面积的1/4，相当于俄罗斯、加拿大、中国和美国国土面积的总和。全世界受荒漠化影响的国家有100多个，尽管各国人民都在同荒漠化进行着抗争，但荒漠化以每年5万~7万平方公里的速度扩大，相当于爱尔兰的面积。到20世纪末，全球将损失约1/3的耕地。在人类当今诸多的环境问题中，荒漠化是最为严重的灾难之一。对于受荒漠化威胁的人们来说，荒漠化意味着他们将失去最基本的生存基础——有生产能力的土地。

（八）物种加速灭绝

物种就是指生物种类。现今地球上生存着500万~1000万种生物。一般来说物种灭绝速度与物种生成的速度应是平衡的。但是，由于人类活动破坏了这种平衡，使物种灭绝速度加快，据《世界自然资源保护大纲》估计，每年有数千种动植物灭绝，到2000年地球上10%~20%的动植物即50万~100万种动植物消失。而且，灭绝速度越来越快。世界野生生物基金会发出警告：本世纪鸟类每年灭绝一种，在热带雨林，每天至少灭绝一个物种。物种灭绝将对整个地球的食物供给带来威胁，对人类社会发展带来的损失和影响是难以预料和挽回的。

（九）垃圾成灾

全球每年产生垃圾近100亿吨，而且处理垃圾的能力远远赶不上垃圾增加的速度，特别是一些发达国家，已处于垃圾危机之中。美国素有垃圾大国之称，其生活垃圾主要靠表土掩埋。过去几十年内，美国已经使用了一半以上可填埋垃圾的土地，30 年后，剩余的这种土地也将全部用完。我国的垃圾排放量也相当可观，在许多城市周围，排满了一座座垃圾山，除了占用大量土地外，还污染环境。危险垃圾，特别是有毒、有害垃圾的处理问题（包括运送、存放），因其造成的危害更为严重、产生的危害更为深远，而成了当今世界各国面临的一个十分棘手的环境问题。

（十）有毒化学品污染

市场上有 7 万 ~8 万种化学品。对人体健康和生态环境有危害的约有 3.5 万种。其中有致癌、致畸、致突变作用的约 500 种。随着工农业生产的发展，如今每年又有 1000~2000 种新的化学品投入市场。由于化学品的广泛使用，全球的大气、水体、土壤乃至生物都受到了不同程度的污染、毒害，连南极的企鹅也未能幸免。自 1950 年代以来，涉及有毒有害化学品的污染事件日益增多，如果不采取有效防治措施，将对人类和动植物造成严重的危害。

第二节 环境管理的基本概念

工业革命以来，伴随着人口的增加、工商业的发展、自然资源的加速消耗，环境问题逐渐凸显了出来，至今，环境问题已成为人类共同面临的全球性危机之一。正是在这一背景下，环境管理理论与实践诞生了。一些国家政府开始把环境纳入其管理下，并不断加强，且已经取得明显绩效。我国是一个发展中的大国，在经济高速增长的同时，经济、社会发展与资源环境的矛盾日益突出，环境管理已成为我国政府的重要职能。

一、环境管理概念的提出及界定

自 20 世纪 60 年代以来，环境问题已由过去的局部性问题转变为全球性问题，成为整个人类共同面临的危机，并引起世界广泛关注。

1970 年 4 月 22 日，美国 2000 多万环保主义者上街游行，开启了世界环保主义运动。

1970年元旦，美国颁布《国家环境政策法》。

1970年12月，美国国家环境保护局成立。继此，其他工业化国家也先后颁布有关法律，成立相应机构。

1972年6月5日，联合国第一次人类环境会议召开。会议通过了《人类环境宣言》。《宣言》指出："现在已经到了这样一个历史时刻，我们在决定世界各地的行动时，必须更加审慎地考虑它们对环境造成的后果。为当代和将来的世世代代保护和改善人类环境，已经成为人类的一项紧迫任务。"

1974年，联合国环境规划署（UNEP）和联合国贸易与发展会议在墨西哥召开了"资源利用、环境与发展战略方针"专题研讨会，会议达成了三点共识，首次正式提出了"环境管理"概念。三点共识是：全人类的一切基本需要应当得到满足；要进行发展以满足基本需要，但不能超出生物圈的容许极限；协调这两个目标的方法即环境管理。

自该会议提出"环境管理"概念以来，不同理论家及其相关机构对此概念做出了不同的界定。

关于环境管理的概念，至今尚无一致的公认看法。美国的休埃尔（H.Sewell）在1975年编写的《环境管理》一书中说："环境管理是对人类损害自然环境质量（特别是大气、水和土地）的活动施加影响。"联合国环境规划署前执行主席托尔巴(M.KTolba)在一篇关于环境管理的报告中，认为环境管理是指依据人类活动（主要是经济活动）对环境影响的原理，制订和执行环境与发展规划，并且通过经济、法律等各种手段，影响人的行为，达到经济与环境协调发展的目的。

我国学者曲格平把环境保护归纳为环境管理和环境建设两个不同的概念。环境管理依照国家环境保护的法律法规，监督规划目标的实施，并把环境管理确定为环境管理部门的基本职能。

北京大学的叶文虎教授对环境管理定义为：环境管理是通过对人们自身思想观念和行为进行调整，以求达到人类社会发展与自然环境的承载能力相协调。也就是说，环境管理是人类有意识的自我约束，这种约束通过行政的、经济的、法律的、教育的、科技的等手段来进行，是人类社会发展的保障和基本内容。

根据前面的阐述和学术界对环境管理的认识，可以把环境管理的概念概括如下：

环境管理是国家实施可持续发展战略的主要保障，是国家管理职能的一个重要组成部分，国家采用行政、经济、法律、教育和科学技术等多种手段，对各种影响环境的活动进行规划、调整和监督，以协调经济发展与环境保护的关系，规范人的行为，防治环境污染与生态破坏，使人与自然和谐相处，以达到可持续发展的目的。

二、环境管理的内容

环境管理与环境立法、环境经济有密切的关系，它不仅涉及社会经济方面，也涉及科学技术问题。环境管理的基本内容如下。

第一，从管理的范围来讲，可包括以下几个方面内容：区域环境管理，指某一地区的环境管理，如城市环境管理、流域环境管理、海域环境管理等；部门环境管理，指生产系统的环境管理，如工业环境管理、农业环境管理等；资源环境管理，指资源保护和资源的最佳利用，如土地资源管理、水资源管理、生物资源管理、能源环境管理等。

第二，从性质来讲，环境管理可分为以下几个方面内容：环境质量管理，包括环境标准的制订、环境质量及污染源的监控，环境质量的变化过程、现状和发展趋势的分析评价，以及编写环境质量报告书等；环境技术管理，包括制订恰当的技术标准、技术规范和技术政策；限制生产过程中采用损害环境质量的生产工艺，限制某些产品的生产或使用，限制资源的不合理开发使用等；环境计划管理，主要是把环境目标纳入发展计划，以制定各种环境规划和实施计划。

上述内容按范围或性质把环境管理进行分类，只是为了便于研究问题。实践中，各类环境管理的内容是相互交叉渗透的，比如，区域环境管理中既有资源管理又有行业管理，所以现代环境管理是一个涉及多种因素的管理系统。这个系统涉及的主要因素有：社会（Socail）因素、科学技术（Tehnica-scientific）因素、管理（Administraetive）因素、政治（Political）因素、法律（Legal）因素、经济（Economic）因素，也合称为SATPLE系统。我国则归纳为经济—科学技术—社会、人口—资源—环境两个“三结合”，这两个系统组成大的环境管理系统，在系统分析的基础上，实现最优化管理。

三、环境管理的特点

环境管理具有五个特点：二重性、综合性、区域性、广泛性和自适应性。

（一）二重性

环境管理是一种社会活动，具有双重的性质：它既有同生产力、社会化大生产相联系的自然属性，又有同生产关系、社会制度相联系的社会属性。管理的自然属性要求具有一定的“社会属性”的组织形式和生产关系与其适应，同时，管理的社会属性也必然对其科学技术生产力方面发生影响和制约作用。

当前，中国环境污染与生态破坏的总趋势并未从根本上得到控制，一方面是由于资金短缺、技术落后等生产力（自然属性）的原因，另一方面的更深层次的原因，是因为相应的经济和政策体制（社会属性）还不完善，还在沿袭高消耗、追求经济数量增长和“先污染后治理”的传统发展模式。因此，环境管理应从基本国情出发，坚持改革和完善现有的政策、法律、制度和机构等体系，使之适应可持续发展的要求，同时加强同国际社会的经济、科学和技术的交流与合作，吸取适合中国国情的先进技术和经验。

（二）综合性

现代环境管理是环境科学与管理科学、管理工程交叉渗透的产物，具有高度的综合性。表现在两个方面：①对象和内容的综合性。环境管理涉及人类环境质量和自然环境质量，由社会、科学技术、管理、政治、法律、经济等组成环境管理系统（SATPLE）；②环境管理手段的综合性：限制或鼓励要采用经济、法律、技术、行政、教育等多种手段，并要综合加以运用。

（三）区域性

环境问题由于自然背景、人类活动方式、经济发展水平和环境质量标准的差异，存在着明显的区域性，因此环境管理必须根据区域环境特征，因地制宜地采取不同的措施，以区域为主进行环境管理。

（四）广泛性

环境问题的多元性。人们的环境意识和与环境问题有关的社会行为，是经常普遍地对环境起作用的因素，环境管理的对象，首先是人们的意识和行为，这都决定了环境管理的广泛社会性。

（五）自适应性

不可耗竭资源的再生能力，区域环境容量水平，大气、水体自净能力等均属环境的自适应性。了解和掌握这一特点，对于保护环境、资源，对于实施经济合理的环境对策，都具有实际意义。

四、环境管理的理论基础与基本方法

环境管理作为一个完整的体系需要一个完整的理论体系支撑，这个理论体系包括可持续发展理论、环境哲学、生态学、经济学、管理学等诸多方面。

（一）环境管理与可持续发展战略

1. 可持续发展战略的兴起

中国春秋战国时代就有保护怀孕或产卵期的鱼鳖鸟兽和定期封山育林，以使它们得以永续利用的思想，并形成了相应的法令。但人类真正认识到环境问题还是自 18 世纪工业革命以来到 20 世纪中叶，随着人类人口

增长和社会经济的不断发展，人与环境的矛盾日益尖锐，生态系统破坏、环境问题日益严重，直接影响到人类生存和发展，1962年美国生物学家卡逊（P.Carson）所著的《寂静的春天》和1972年3月罗马俱乐部发表的《增长的极限》，都引起了世人的关注，并引发了关于人类未来发展的大辩论，1972年6月联合国斯德哥尔摩国际环境会议发表了《人类环境宣言》，标志着第一次环境革命开始。20世纪80年代至90年代初，人们认识到，人类很可能在面临发展的物理极限（如资源枯竭）之前就会遇到社会极限（如社会制度、生产关系），因此，应从社会极限和物理极限两个方面全面地考虑问题，从而产生了可持续发展的概念。1987年4月伦布特兰代表联合国环境与发展委员会发表了《我们共同的未来》研究报告，从而使可持续发展这一概念成为一种崭新的战略，即"既满足当代人的需要，又不对后代人满足其需要的能力构成危害的发展"。提出了可持续发展的公平性、持续性和共同性等三项原则。1992年6月联合国环境与发展大会通过的《关于环境与发展的里约热内卢宣言》确认并体现了这一战略，而且上升为国家间的准则。

2. 可持续发展战略的涵义

关于可持续发展的含义，有几种不同的观点：

国际生态学联合会（INTECOL）和国际生物科学（IUBS）将可持续发展定义为：保护和加强环境系统的生产和更新能力的发展。

世界自然保护同盟（INCN）联合国环境开发署（UNEP）和世界野生生物基金会（WWF）共同发表的《保护地球——可持续生存战略》所给的定义是："在生存不超出维持生态系统涵容能力的情况下，改善人类的生活质量。"

我国学者刘培哲等人着重于从经济属性定义可持续发展，即：可持续发展是能动地调控自然——社会——经济复合系统，使人类在不超越资源与环境承载力的条件下，促使经济发展，保持自然资源永续，使人类社会稳定发展，生活质量稳定提高。

综上所述，可持续发展应具备下述几种思想：

第一，可持续发展应当鼓励而不是否定经济增长，尤其是穷国的经济增长。人类需要重新审视推动经济增长的模式，不仅重视增长数量，更要改善增长数量。例如实施清洁生产和文明消费等。

第二，可持续发展要以自然为基础，通过适当的经济、技术手段和政府干预加强环境与资源管理，保护生物多样性和地球生态系统的完整性，使人类的发展保持在地球承载的能力之内，从而实现不损害或把损害降到最低限度的可持续增长。

第三，贫困与不发达是造成环境问题的原因之一，而过度富裕也会造成资源浪费。人类必须保证消除贫困、控制人口数量、改善消费观念，这样才能稳定地提高人类的生活质量。

第四，可持续发展承认自然环境具有价值，应当把生产中自然环境的投入和服务计入生产成本和产品价格之中，逐步完善国民经济的核算体系。

第五，可持续发展的实施必须强调“公众参与”“综合决策”，并制定和实施相应的法律法规。提倡根据社会、经济、环境、资源的全面信息和本国环境的综合要求制定政策并予以实施。

（二）环境管理的理论基础

环境管理学是管理科学与环境科学交叉渗透的产物，是研究有关环境管理的理论和方法科学。而环境管理是政府机构的一项基本职能，是在环境保护工作实践中对环境管理学基本理论方法的具体应用过程。因此，环境管理学的理论基础也是环境管理的理论基础。

1. 生态系统理论（生态平衡理论）

自然界是由多种多样的结构复杂程度不同的、时空分布有差异的天然生态系统和人工生态系统组成的。而生态系统是生态学研究的核心和对象。生态系统理论主要包括：基本生态学规律；生态平衡理论；在生态平衡理论指导下的生态管理目标、对策和人工生态系统规律及影响因素的研究。

基本生态规律主要有：生物与环境相互依存、协调发展进化规律；生态系统结构与功能相互作用的规律；生态平衡规律；生态系统物质循环和能量交换规律等。生态规律是一种客观规律。

生态平衡理论指生态系统中生态系统的结构和功能以及其能量流动和物质循环能较长时间地保持一种相对稳定状况，在外来干扰下能通过自身的调节功能恢复到正常状况，这种相对稳定的动态关系叫作生态平衡。它可分为自然生态平衡和人工生态平衡，后者是在人类参与和作用下形成的生态平衡，人工参与一定要非常慎重，以免打破生态平衡，造成生态破坏难以恢复。

环境管理中应用生态理论去进行生态政策或对策的研究，涉及资源利用对生态系统的影响，环境污染破坏对生态系统的影响和生态系统的规划、管理等方面。

2. 经济系统理论（价值规律）

可持续发展战略的含义中包括了经济发展的内容，做好环境管理工作可以为经济持续发展提供必要保证。因此，以经济系统理论为指导进行环境管理系统中经济系统的研究，主要包括基本经济规律、经济目标和经济政策方面。

经济规律中最主要的是价值规律。随着人类活动带来的环境问题日益严重，人类为治理环境污染和防治生态破坏所付出的代价越来越大，西方的一些学者开始研究“环境价值及货币表示方式”，并由此产生了“环境经济学”。人们认识到环境是一种资源，资源有价值，因而它应满足价值规律，即环境具有价值。这就要求环境管理部门运用经济规律和经济手段把生产中环境资源的投入和服务，计入到生产成本和产品的价格之中。逐步修改和完善国民经济价格体系；实施必要的激励机制，推动人们在利用环境资源时考虑其可持续利用问题；实施谁开发谁保护，谁损害谁治理，受益、使用者付费与保护、建设者得利的原则，为确定最佳的资源税率和最佳的环境补偿费率提供定量依据。

对于污染税收、补贴、自愿协商、排污权交易制度等经济手段方面的研究，“福利经济学之父”阿瑟·塞西尔·庇古和新制度经济学创始人罗纳德.哈里·科斯做出了巨大的贡献。庇古是从经济学外部性的角度出发，提出了庇古手段，包括税收、补贴以及押金—退款制度等方面；科斯是从交易费用的角度出发，提出了解决环境问题的科斯手段，包括自愿协商、排污权交易制度等方面。当前，这两种手段已成为环境管理的主要经济手段，它的理论基础是庇古税收和科斯定理。并且这两种方法当前已在国内外有了广泛的应用，取得了显著的效果。

经济目标主要指经济系统的发展目标，例如以最小代价从人类——环境系统中获取最大效益。经济政策主要包括合理开发利用资源的经济政策，减少和控制污染的经济政策等。在考虑到经济目标和政策的同时，我们还应考虑到环境保护的问题，只有这样，我们的经济——环境系统才能得以可持续发展。

3. 环境管理的哲学基础

现代西方哲学，曾把人统治自然的哲学思想作为其重要的组成部分。这一思想发端于柏拉图，经过笛卡尔、培根的发展，到康德达到最终理论上的完成。康德认为：“人是自然界的最高立法者。”这种哲学思想强调人与自然的对立，并主张在人与自然对立的基础上，通过改造自然，确立人对自然的统治地位，达到所谓的自由王国，是人统治自然的哲学观。在这种思想的支配下，人们战天斗地，无休止地向大自然索取资源、能量，同时向大自然排放废弃物。事实表明，上述世界观是错误的。

100多年前，马克思曾预言共产主义的人道主义的最高理想是人与自然的融合。他在《1844年经济学哲学手段》中指出：“……共产主义是完成了自然主义的人道主义，也是完成了人道主义的自然主义。它是人和自然之间，人和人之间的矛盾的真正解决。……”实际上，世界是一个“自然——经济——社会复合生态系统”。人、社会、自然之间是相互联系、相互作用的有机统一体，人与自然之间的相互联系、相互促进、相互协同要比它们之间的相互区别和对立、斗争更为重要，因此，从人与自然相互作用的实在性去观察和理解世界，应有以下几点认识：①自然界对社会历史发展有着重大作用，自然因素参与了历史的创益。人类虽然用自己的活动改变了自然界，但并不存在脱离自然的人。②现在的世界是人与自然、社会与自然相互作用的世界。它不是两者的简单相加，作为统一整体具有在它们相互关系中才产生的特征。③人与自然的关系一方面是以自然为基础，受自然关系的制约；另一方面又是通过人类劳动，以开发和利用自然的形式来实现的，是一种辩证统一的关系。

上述人与自然互利合作、协同进化、和谐相处的哲学观点为可持续发展战略和环境管理提供了哲学基础。

（二）环境管理的基本方法

1. 法律手段

依靠法律手段加强国家对环境保护的管理工作，是一种强制性措施，是国家强制力的体现，包括立法和执法两个方面。前者把国家对环境保护的要求和做法，全部以法律的形式固定下来，强制执行；后者是环境管理部门协助和配合司法部门对违反环境法律的犯罪行为或严重污染和破坏环境的行为进行斗争或提起公诉，直至追究法律责任，也可根据有关环境法规对危害公民的健康、污染和破坏环境的组织或个人直接给予各种形式的处罚，例如实行排污收费、超标处罚等制度，甚至追究刑事责任等。

2. 经济手段

经济手段是指运用价格、税收、补贴、押金、补偿费以及有关的金融手段，引导和激励社会经济活动的主体主动采取有利于保护环境的措施。

在市场经济中，如果商品供不应求，价格就上涨；如果商品供过于求，价格就会下跌。因此，价格是反映一个物品稀缺程度的信号。另一方面，在市场经济中，虽然承认了环境和自然资源的价值，但价格难以表示时，可以运用一些经济手段加以补救，以间接调整对环境与自然资源的利用。

同时，在市场经济中，价值规律仍起作用，这成为经济手段的理论基础之一。所以，要积极建立相应的激励机制，以价格、税收、信贷、保险等经济杠杆，调节生产者和消费者在资源的开发利用中保护环境、消除污染的行为，以限制损害环境的社会经济活动，奖励积极消费治理污染、节约和合理利用资源的组织，促进绿色产品和清洁生产技术的推广和应用。

3. 行政干预方法

主要指国家级和地方级的政府机关，依据国家行政法规所赋予的组织指挥权力，对环境和资源保护工作实施行政决策和管理。行政干预的方法大致有：根据有关法规，按一定程序组织制定并报请政府审批国家和地方的环境保护政策、工作计划和环境规划，使之具有行政法规效力：环境管理部门向同级政府机关报告本地区的环境情况和工作，对贯彻国家的有关环境方针、政策提出具体意见与建议，运用行政权力对某些区域采取特定措施，例如将青海省三江（长江、黄河、澜沧江）源头地区划为自然保护区等；对某些污染严重的工业企业要求其限期治理，实行重点监督管理，实施环境审计，有的要勒令其关闭、停业、合并、转产、迁移；对易产生污染的工程设施和项目，采取审批建议项目的环境影响评价书，审批新、扩、改建项目的“三同时”设计方案等行政制约的办法。

4. 技术手段

作为环境管理基础的许多环境政策、法律、法规的制定以及它们的实施都涉及很多科学技术问题：运用安全可靠的科学技术手段，实现环境管理的科学化；组织开展环境影响评价工作和编撰环境质量报告；总结推广防治污染的先进的科学的经验；开展国际环境科学和防治污染技术的广泛交流合作活动；注意吸取其他学科的新理论、新技术，制定环境质量标准，制定环境技术政策等等，都需要从人文科学和全局视角（包括伦理学、经济学、技术经济学）去选择运用相关的技术手段，以减少盲目性和短视行为。

5. 宣传教育手段

通过环境宣传向公众普及环境科学知识，对公众向各种破坏环境的现象和行为做斗争进行思想动员，使环境保护和可持续战略的实施变成公民的自觉行为。环境教育的目的不仅在于培养各种环境保护的专门人才，而且在于一种基础的素质教育，这是因为环境保护几乎渗及各阶层，各领域，环境保护工作不是只靠少数专家和管理人员就能做好的，必须在全社会成员中培养环境保护意识，灌输人和自然和谐相处的哲学思想，培养一种以生态文化为背景的价值观，规范人类的自我行为，才能使人类社会和自然环境共同发展、长期共存。

五、我国加强环境管理的紧迫性

我国是世界人口最多、最大的发展中国家，我国正处于经济起飞阶段，商业迅速发展，人口继续快速增加，对资源的消耗不断加速，工业和生活排污越来越多。迄今，环境问题已相当严重，已成为我国经济、社会进一步发展的瓶颈。

（一）资源环境压力增大

我国总人口超过13亿，约占世界总人口的1/5，且每年继续以近800万的速度递增。每年新增国民收入中，约1/4用于满足新增人口消费。庞大的人口基数及其快速增长给资源环境带来了越来越大的压力。我国素有地大物博之美誉，但由于人口多，人均资源拥有量远低于世界平均水平，其中，人均淡水、耕地、森林、草地、煤、石油资源拥有量仅分别为世界平均水平的28%、32%、14%、32%、50%、10%。随着人口的继续增长和经济的快速增长，经济社会发展与资源环境的矛盾将更加突出。

（二）环境污染日益严重

至今，环境污染已成为我国经济、社会进一步发展的巨大障碍，且有加剧的趋势。

1. 水污染

一项对松花江、辽河、黄河、长江、海河、淮河、珠江、太湖、巢湖、滇池的水质调查显示，I、Ⅱ、Ⅲ类水质仅分别为8.5%、21.7%、6.7%；失去饮用水功能IV类和IV类以下为63.1%。

随着经济的快速增长，对水的需求也快速增长。1980~1993年，我国城市用水增加了3.5倍，工业用水增加了7倍。我国水资源分布不均，南多北少，北方大多数城市面临缺水的境地。由于人口的快速增加、工商业的迅速扩张、化肥和农药的大量使用，我国地表水和地下水的质量下降很快。水污染严重影响工农业生产，危害人类健康，且进一步加剧缺水危机。据估计，我国每年水污染造成的经济损失达当年GDP的1.5%~3%，超过灾和洪灾损失。

水污染主要源于工农业生产排污和生活排污。其中，生活排放污水增长更快，到2000年，生活排放污水超过工业排放污水（如表2-1）。

表2-1 1998—2001我国废水排放量（亿吨）

年份＼类别	工业废水排放量	生活废水排放量	废水排放总量
1998	200.6	194.8	395.3
1999	197.3	203.8	401.1
2000	194.2	220.9	415.1
2001	200.7	227.7	428.4

资料来源：《中国环境公报》2001年、2000年、1999年、1998年。

2. 大气污染

我国大气污染主要源于燃煤和交通工具排放废气。煤炭是我国的最主要的能源，占一次能源消耗量的75%。我国一些城市空气中颗粒物和二氧化硫的浓度已超过世界卫生组织标准的2~5倍，成为我国慢性或障碍性呼吸道疾病——肺气肿和慢性支气管炎的首因。二氧化硫大量排放，引致大面积酸雨，受灾面积占国土面积的30%。1995年，二氧化硫和酸雨污染造成的经济损失近当年国内生产总值的2%。

3. 垃圾

垃圾主要包括生活垃圾和工业垃圾。随着人口的增加和城市的扩张，城乡生活垃圾越来越多，其中，城市生活垃圾每年递增8%~10%，且处理率，特别是无害化处理率低。1999年，处理率仅63.5%，无害化处理率不到20%。目前，我国城市生活垃圾堆放存量高达40亿吨，侵占土地5亿多平方米，全国2/3的城市陷入生活垃圾的包围之中，已成为我国城市发展的巨大障碍。与城市生活垃圾处理率低相比，农村生活垃圾几乎没有处理。

生活垃圾成灾的同时，工业垃圾则更多、危害更大。1994年，我国工业垃圾产生量（不包括乡镇企业）达6.2亿吨，平均每平方公里堆积64.5吨，累计工业垃圾达64.6亿吨，人均5.38吨，占地5.57万公顷。

（三）生态环境恶化加剧

主要表现为以下几方面：

1. 水土流失

我国是世界上水土流失最严重的国家之一，全国水蚀面积达153万kmZ。耕地的水蚀面积达45.4万kmZ，占全国耕地面积的34.26%，优质耕地面积逐年减少。水土流失已成为影响我国农业可持续发展和食品安全的最重要因素之一。

2. 土地荒漠化

截至1996年底，我国土地荒漠化面积达262.2万km^2，占国土总面积的27.3%，且伴随生态环境的破坏，土地荒漠化还在加速。

3. 草地退化

由于长期以来对草地资源的粗放式经营，草地资源面临严峻的危机，退化面积占可利用面积的1/3，并继续扩展。

4. 森林危机

我国是世界上人均森林面积最少的国家之一，尽管我国造林和森林保护取得了较大成绩，但森林面积缩小、质量下降的趋势还没有得到根本扭转。

5. 水危机

我国水资源总量居世界第六位，但人均淡水拥有量仅为世界平均水平的1/4。一项调查显示，在被调查的570多个城市中，缺水城市达300个，日缺水量1600万吨以上，其中40多个城市严重缺水。因缺水，每年粮食减产250多万吨

6. 生物多样性减少

我国是世界上生物多样性减少较严重的国家之一，高等植物中濒危或接近濒危的物种4000~5000种，约占总数的15%~20%，高出世界平均水平约5个百分点。联合国《国际濒危物种贸易公约》列出的640种世界濒危物种中，我国有6种，约占总数的1/4。

上述诸方面决定了我国加强环境管理之紧迫性。

第三节　重污染行业环境管理相关概念综述

一、重污染行业的界定

重污染行业是指对环境污染严重的行业。国家在“十一五”规划和“十二五”规划中均对环保工作提出了明确的要求，而国家环保部等主要政府部门也有针对性的对环境污染的治理和防治工作制定了法规和规章。其中《关于对申请上市的企业和申请再融资的上市企业进行环境保护核查的规定》（环发[2003]101号）将重污染行业暂定为：石化、化工、冶金、采矿、火电、煤炭、建材、造纸、发酵、酿造、制药、纺织和制革业。2007年全国环保系统污染源普查工作会议中确定了黑色金属冶炼及压延加工业、化学原料及化学制品制造业、造纸及纸制品业、电力、热力的生产和供应业、农副食品加工业、纺织业等11个重污染行业，基本涵盖了高耗能、高污染的全部行业。根据2010年9月14日环保部公布的《上市公司环境信息披露指南》（征求意见稿）：火电、钢铁、水泥、电解铝、煤炭、冶金、

化工、石化、建材、造纸、酿造、制药、发酵、纺织、制革和采矿业等16类行业为重污染行业。此外，2008年，环保部《上市公司环境信息披露指南》及《上市公司环保核查行业分类管理名录》（环办函〔2008〕373号）中对重污染行业的分类，如表2–2所示：

表2–2 重污染行业细分行业类别

行业类别		包含类型
1. 火电		火力发电（含热电、矸石综合利用发电、垃圾发电）
2. 钢铁		炼铁；球团及烧结；炼钢；铁合金冶炼；钢压延加工；焦化
3. 水泥		水泥制造（含熟料制造）
4. 电解铝		包括全部规模、全过程生产
5. 煤炭		煤炭开采及洗选；煤炭地下气化；煤化工
6. 冶金		有色金属冶炼；有色金属合金制造；废金属冶炼；有色金属压延加工；金属表面处理及热处理加工
7. 建材		玻璃及玻璃制品制造；玻璃纤维及玻璃纤维增强塑料制品制造；陶瓷制品制造；石棉制品制造；耐火陶瓷制品及其他耐火材料制造；石墨及碳素制品制造
8. 采矿		石油开采；天然气开采；非金属矿采选；黑色金属矿采选；有色金属矿采选
9. 化工		基础化学原料制造；肥料制造；涂料、染料、颜料、油墨及其他类似产品制造；专用化学品制造；化学农药制造、生物化学农药及微生物农药制造；日用化学产品制造；橡胶加工；轮胎制造、再生橡胶制造等
10. 石化		原油加工；天然气加工；石油制品生产；油母页岩中提炼原油；生物制油
11. 制药		化学药品制造；化学药品制剂制造；生物、生化制品的制造；中成药制造
12. 轻工	酿造	类及饮料制造；碳酸饮料制造；瓶（罐）装饮用水制造；果菜汁饮料制造；含乳饮料和植物蛋白饮料制造；固体饮料制造；茶饮料制造等
	造纸	纸浆制造；造纸（含废纸造纸）
	发酵	调味品制造（味精、柠檬酸、氨基酸制造等）；有发酵工艺的粮食、饲料加工；制糖；植物油加工
13. 纺织		化学纤维制造；棉、化纤纺织及印染精加工；毛纺织和染整精加工；丝绢纺织及精加工；化纤浆粕制造；棉浆粕制造
14. 制革		皮革鞣制加工；毛皮鞣制及制品加工

按污染性质，重污染行业可分为：①重污染行业废水污染源。包括煤气厂、石油炼厂、化工厂、染料厂、纸浆厂、焦化厂、电镀厂、氯碱厂、农药厂、玻璃厂、涂料厂、合成树脂厂、冶炼厂、电池厂、油漆厂等；②重污染行业废气污染源。包括火力发电厂、钢铁厂、炼焦厂、有色金属冶炼厂、石油化工厂、氮肥及磷肥厂、硫酸厂、氯碱厂、化纤厂、农药厂、合成橡胶厂、造纸厂、玻璃厂、水泥厂等；③重污染行业废渣污染源。包括各种金属与非金属矿山建设中的采矿渣，冶金工业的冶金渣，火电厂、锅炉等的燃料渣，化学工业的化工渣及制糖、造纸、陶瓷等其他工业的废渣；④重污染行业噪声污染源。包括金属矿山采选业、发电厂、金属冶炼厂、水泥厂、印刷造纸厂、纺织工业、机械工业（铸、锻）等企业。

二、重污染行业环境问题的一般表现

重污染行业往往是高投入、高消耗、高排放的大户，重污染行业环境问题是指重污染行业在生产过程中，对包括人在内的生物赖以生存和繁衍的自然环境的侵害。最突出的环境污染，其主要是由生产中的“三废”（废水、废气、废渣）及各种噪声造成的，可分为废水污染、废气污染、废渣污染、噪音污染。这些污染如不预防和治理，人民正常生活条件将遭受到严重破坏，后患无穷。

重污染行业污染危害严重，主要有：①重污染行业生产中排放大量未经处理的水、气、渣等有害废物，会严重地破坏农业的生态平衡和自然资源，对农业生产的发展造成极大的危害；②重污染行业“三废”对重污染行业生产本身的危害也很严重，有毒的污染物质会腐蚀管道，损坏设备，影响厂房等的使用寿命；③环境污染，公害泛滥，直接危害着广大人民群众的健康；④有些工业污染后果严重，难以清除，还有些污染不容易发现，发现以后造成的危害已经很严重。

以矿山开采为例，可引发以下几种环境问题：

（一）对大气圈的影响

矿产资源开发活动对大气污染严重。在矿山生产中，氧化、风蚀作用可使废石堆场、尾矿库形成一个周期性的尘暴源。此外主要尘源还有矿石破碎、筛分和选矿等工序。矿山对大气的污染还有公路运输时形成的大量扬尘。另外，采矿所造成的大量废渣在露天长期堆放，由于风化作用而释放出大量有害气体，也是造成矿山及周围大气环境质量恶化的首要因素。

（二）对水资源的影响

矿山开采后的废石堆成的尾矿库如不能妥善处理，将成为一个在一定时空下的稳定的地下水污染源。废矿堆、尾矿库长期处在氧化、风蚀、溶滤过程中，使各种有毒矿物成分或有害物质随水转入地下、地表水体和农田、土壤之中，造成地下、地表水体长期不断地受到化学污染。由于疏干排水及废水废渣的排放，使水环境发生变异甚至恶化，如破坏了地表水、地下水均衡系统，造成大面积疏干漏斗、泉水干枯、水资源逐步枯竭、河水断流、地表水入渗或经塌陷灌入地下，影响了矿山地区的生态环境。沿海地区的一些矿山因疏干漏斗不断发展，当其边界达到海水面时，易引起海水入侵现象。

（三）对地面的影响

地质灾害。由于地下采空、边坡开挖、废渣废矿排放、矿坑疏干排水和废水排放等矿业活动，诱发一系列地质灾害，见表2-3：

表2-3 矿山开采诱发的地质灾害表

与固体矿床开采有关的地质灾害		与液体矿床有关的地质灾害	矿山开采中其他地质灾害
露天开采	地下开采		
崩塌、滑坡 泥石流 水土流失 土地沙化	地面塌陷 矿井热害 岩爆（矿震） 矿井瓦斯突出 诱发地震 矿坑突水	地面塌陷与沉降 诱发地震 废气、废液污染	酸性矿坑水 砂土液化 水资源破坏与污染 煤田自燃

（资料来源：《矿产资源导论》）。

占用与破坏土地。矿山开发占用并破坏了大量土地。占用土地指生产、生活设施及开发对土地的占用；而破坏土地指露天采矿场、排土场、尾矿场、塌陷区及其它矿山地质灾害破坏的土地面积。

水土流失。矿区是人类生产活动强烈集中地区，它由采矿建设生产系统与矿区环境系统复合而成。矿业活动，特别是露天开采，大量破坏了植被和山坡土体，产生的废石、废渣等松散物质极易引发和促使矿山地区水土流失。

（四）对生物圈的影响

矿区动植物减少，而土壤及水体中的微生物减少、有害有毒元素进入食物链、粉尘及有害气体威胁人类身体健康、动植物生长退化。

三、重污染行业环境问题的特点

重污染行业发展可能产生的主要生态环境问题是：环境污染，资源、能源问题，生态破坏问题等（见图 2-1）。这些问题及其交互作用影响，严重制约着重污染行业的可持续发展。如就化工行业而言，化工企业生产过程中产生的污染主要有对水、大气的污染，同时还会产生固体废弃物、放射性物质以及噪声、电磁辐射、光和热等物理性污染。化工生产在给人们带来巨大物质财富的同时，还带给人类资源耗竭、环境污染、温室效应、臭氧层破坏等重大生态环境问题。

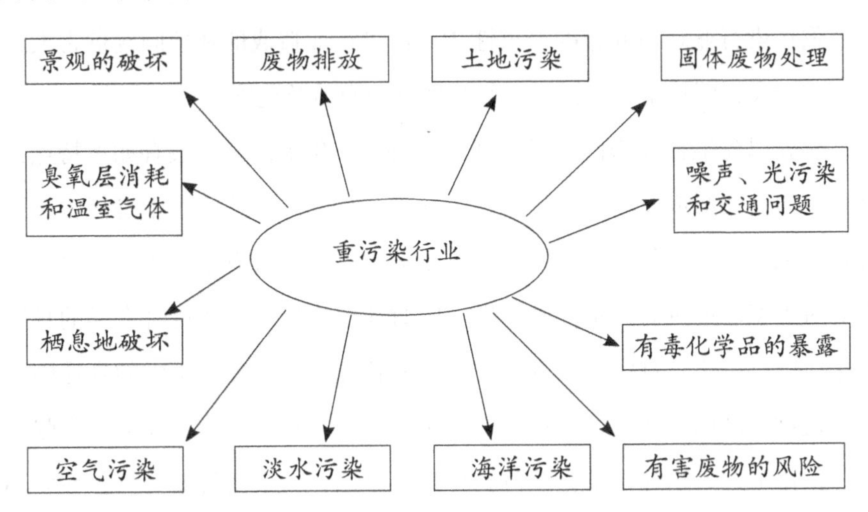

图 2-1 重污染行业可能产生的环境影响

由重污染行业可能产生的环境影响可以看出，重污染行业环境问题至少具有广泛性、复杂性和严重性三个特点。

（一）广泛性

这一特征主要体现在两方面：①环境影响因素广泛，重污染行业对环境影响的因素多，具有广泛性；②环境影响时空尺度大，重污染行业的广泛性决定了其对环境影响时空尺度大。在空间尺度上，重污染行业企业规模大且复杂，环境影响所包括的地域广、空间大；在时间尺度上，重污染行业对环境的影响作用是由多因子组成，分阶段和滚动式进行，那些潜伏的、隐藏的影响往往会发展为明显和持久的影响，需要强调对长远性环境影响的分析。

（二）复杂性

重污染行业环境问题的复杂性主要指污染物的复杂性和其污染损害的复杂性。首先，重污染行业涉及的领域十分广泛，并且周期很长，整个生产过程的各个阶段都会排放出各种各样的污染物，对大气、水、土壤等产生影响；其次，由于污染物质种类繁多，性质各异，并且这些污染物常常是经过了转化、代谢，富集等各种反应，导致污染损害极其复杂。

（三）严重性

重污染行业环境问题的严重性指重污染行业造成的环境问题危害大，治理难度大，而且重污染行业环境管理复杂而涉及范围广。

首先以化工行业为例，谈谈其污染特点。化工污染一般有如下特点：第一，污染物组成复杂对环境危害大而难于处理。工业废水中可能含多种有机或无机废物，具有酸碱性。固体废物中也可能含有重金属、放射性物质等对生态环境具有严重的破坏性，同时还会直接或间接侵害人类的身体健康。第二，化工排污一般具有浓度大的特点。其工业废水中的悬浮固体或有机物浓度能够达到生活污水的几十倍乃至几百倍，污染能力非常强。第三，化工污染物往往带有颜色和异味。第四，污染物排放量大、性质不稳定。废水、废气的质和量随时间波动明显。

再以矿山开采为例，谈谈矿山生态环境问题的特征，具体特征如下：

不可避免性和不可逆转性。采矿活动的目的是从地表下获取矿产资源，因此必定会造成原始地表景观（如露天开采时）和局部地球表层环境的变迁和破坏。采取某些技术工程措施能够减小，但不能消除所有的环境破坏，并且由于矿产资源的不可再生性，使矿山原始的自然状态极难复原。

差异性和不均匀性。各矿区、矿山的资源、地质条件、地形地貌形态差别很大。不同矿区的生态技术水平、社会经济情况，人员素质和管理水平也存在着高低优劣。因此，环境灾害的强度、规模、形成机理和表现形式也会千差万别。

突发性和滞后性。有的环境灾害问题表现出突发性，如岩崩、泥石流；有的则表现出滞后性，如开采地表沉陷、地下水资源破坏、水土流失、“三废”污染等。

动态空间特性和复杂性。矿区空间是包括地面、地下和大气层的多层立体空间，具有复杂的内部构造，并且矿区开发和生产作业的地理空间时刻在变动中，因此，矿区环境问题也表现出动态的空间特性，以及影响因素、形成机制和防治的复杂性。

四、重污染行业环境管理的概念

我国经历近三十年的高速发展，经济规模跃升为世界第二大经济体，城镇化步伐也不断加快，但带来的环境压力也日益严峻。我国的基本国情是处于并将长期处于社会主义初级阶段，经济建设仍然是各项工作的重中之重，但随着科学发展观等理论体系的提出和贯彻落实，国家已经明确规划经济发展方式的转变，环境保护工作也不断升温。我国经济取得举世瞩目的成绩，其中第二产业作为国民经济主体起到了重要的作用，在这其中重污染行业几乎涵盖了第二产业所包含的所有行业种类，因此重污染行业既是经济增长的动力和基础，又是资源和环境问题的主要主体。重污染行业往往是高投入、高消耗、高排放的大户，因此对重污染行业进行严格的环境管理显得尤其重要。

从宏观上说环境管理包括自然环境管理和人工环境管理。两者相互联系、相辅相成，共同促进人类及其生存体系的健康发展。其中自然环境管理又包括地球表层管理，大气圈、水圈、岩石圈、土壤圈、生物圈的管理。自然界的物质有其特有的运动和规律，这就要求人类在思考自然环境问题时必须尊重自然界中能量的流动、物质的循环以及自然界中信息的传递方式。掌握陆生生态系统和水生生态系统的特点，只有这样才能使人类对自然环境的直接和间接保护起到作用。

由环境管理的定义，可以引申得出重污染行业环境管理的概念。重污染行业环境管理应该是环境管理的一部分，是指以管理工程和环境科学的理论为基础，运用行政、经济、法律、教育和科学技术等多种手段，对损害环境质量的重污染行业生产经营加以限制，以协调重污染行业发展与环境保护的关系，规范重污染行业的行为，防治重污染行业环境污染与生态破坏，使其与自然和谐相处，使生产目标与环境目标统一起来，经济效益与环境效益统一起来，以达到可持续发展的目的。

五、重污染行业环境管理的对象及任务

重污染行业环境管理的对象是重污染行业生产企业，包括企业自身的生产环境管理实现清洁化生产。另一方面是政府环保等相关部门作为宏观管理者对重污染行业企业进行监管，其中也包含群众监督的作用。从广义上说，重污染行业环境管理包括的内容包括以下几个方面：第一，对所有工业、农业等涉及重污染行业产品的生产部门的管理；第二，对将重污染行业产品作为终端消费品的单位和个人的管理；第三，对重污染行业资源的管理以防止发生污染。

重污染行业环境管理的主要任务是：①制定和完善各种与重污染行业环境管理相关的法律法规制度和环境管理制度，并严格执行；②加强重污染行业企业污染防治，严格控制污染物排放，并严格控制新污染；③加强重污染行业企业清洁生产工作；④依靠科技进步，运用先进的环保技术，从根本上解决重污染行业的环境污染问题；⑤利用各种环境经济手段进行

重污染行业环境管理；⑥运用自愿性环境管理手段，或是各种管理手段的有机结合来进行重污染行业环境管理。

六、重污染行业环境管理的目的

重污染行业环境管理的目的是通过有效的管理手段建立环境治理的激励机制，使重污染行业造福人类，从而减少对环境的污染和破坏。具体而言对生产企业最基本的要求是生产过程及生产的产品符合相关质量要求不对使用者产生损害，同时污染物排放达到国家相关规定，对产品消费者而言能够合理消费，节约资源避，免发生污染。

第三章　重污染行业环境管理体系的现状分析

第一节　我国环境管理的组织机构概况

我国环境管理组织机构的设置始于1973年的第一次全国环境保护会议，当时设置的环保机构名称叫作“国务院环境保护领导小组办公室”；1982年5月4日，国家城市建设总局、国家建筑工程总局、国家测绘总局、国家基本建设委员会部分机构，与国务院环境保护领导小组办公室合并，成立城乡建设环境保护部；然而在1988年城乡建设环境保护部撤销，分别设建设部和国家环保局，国家环保局在1998年升格为国家环保总局；2008年再次升为中国环保部。

目前，我国环境管理机构主要包括行政机构和立法机构。

一、行政机构的设置及职能

我国的环境管理行政机构体系包括国家、省、市、县、镇（乡）五级环境保护统一监督管理部门和部门监督管理机构。

（一）国家、省、市、县、镇（乡）五级环境保护统一监督管理部门

国家环境保护部是国家一级环境管理行政机构。环保部的主要职责是拟定并组织实施环境保护规划、政策和标准，组织编制环境功能区划，监督管理环境污染防治，协调解决重大环境问题等。我们将按照党中央、国务院的要求，紧紧围绕污染减排工作目标和解决危害群众健康、影响可持续发展的突出环境问题，着力抓好环境保护监督执法工作，重点强化综合管理、宏观协调、公共服务职能，大力推进环境保护历史性转变，切实为国民经济又好又快发展保驾护航。环保部机构设置具体情况见表3-1。

表3-1 环保部机构设置表

机关司局	
办公厅	规划财务司
政策法规司	行政体制与人事司
科技标准司	污染物排放总量控制司
环境影响评价司	环境监测司
污染防治司	自然生态保护司
核安全管理司	环境监察局
国际合作司	宣传教育司
直属机关党委	驻部纪检组监察局
直属事业单位	
环境保护部应急与事故调查中心	环境保护部机关服务中心
中国环境科学研究院	中国环境监测总站
中日友好环境保护中心	中国环境报社
中国环境科学出版社	环境保护部核与辐射安全中心
环境保护部环境保护对外合作中心	环境保护部南京环境科学研究所
环境保护部华南环境科学研究所	环境保护部环境规划院
环境保护部环境工程评估中心	环境保护部卫星环境应用中心
环境保护部北京会议与培训基地	环境保护部兴城环境管理研究中心
环境保护部北戴河环境技术交流中心	
派出机构	
环境保护部华北环境保护督查中心	环境保护部华东环境保护督查中心
环境保护部华南环境保护督查中心	环境保护部西北环境保护督查中心
环境保护部西南环境保护督查中心	环境保护部东北环境保护督查中心
环境保护部华北核与辐射安全监督站	环境保护部华东核与辐射安全监督站
环境保护部华南核与辐射安全监督站	环境保护部西南核与辐射安全监督站
环境保护部东北核与辐射安全监督站	环境保护部西北核与辐射安全监督站
社会团体	
中国环境科学学会	中国环境保护产业协会
中华环境保护基金会	中国环境新闻工作者协会
中国环境文化促进会	中华环保联合会

各省、自治区、市环境保护局的机构社会与总局基本相应，地、市级和县级环境保护行政主管部门的内设机构简化，乡、镇级常为下设的环保办公室。以下以湖北省、武汉市及武汉市区级环保部门为例加以说明。

表 3-2 湖北省环保厅机构设置

办公室（政策法规处）	规划与财务处
人事处	科技与合作处
污染物排放总量控制处	环境影响评价处
环境监测处	污染防治处
自然生态与农村环境保护处	辐射环境管理处（核应急管理处）
机关党委	纪检监察机构
离退休干部处	
直属单位	
湖北省环境科学研究院	湖北省环境监测中心站
湖北省辐射环境管理站	湖北省环保宣传教育中心
湖北省环保厅机关后勤服务中心	湖北省环境监察总队
湖北省环境信息中心	湖北省固体废物管理中心
省辖市（州）环保局	
武汉市环境保护局	黄石市环境保护局
襄樊市环境保护局	荆州市环境保护局
宜昌市环境保护局	十堰市环境保护局
孝感市环境保护局	荆门市环境保护局
鄂州市环境保护局	黄冈市环境保护局
咸宁市环境保护局	随州市环境保护局
恩施自治州环境保护局	天门市环境保护局
仙桃市环境保护局	潜江市环境保护局
神农架林区环境保护局	

表 3-3 武汉市环保局机构设置表

办公室	财务处
环境影响评价处	污染防治与控制中心
科技监测处	自然生态保护处
政策法规处	政治处
监察处	
派出机构（2个）	
市环保局东湖新技术开发区分局	市环保局东湖生态旅游风景区分局
直属机构（7个）	
市环境监察支队	市环境监测中心站
市环境保护科学研究院	市环境宣传教育中心
市环境信息中心	市辐射和危险固体废物污染防治与管理中心
市机动车排气污染防治管理中心	

表 3-4　武汉市区环保局主要机构设置

办公室	法宣办
管理科	行政许可科
下设机构	
监察大队	监测站
废弃物交换中心	

其他的国家机关就各自的业务范围设置相应的环境与资源保护部门。

（二）部门监督管理机构

部门监督管理是指相关部门依法定的职责权限对与其相关的环境保护工作进行具体监督管理。我国环境保护部门监督管理机关包括中央一级的国家海洋行政主管部门，港务监督，渔政渔港监督，军队环境保护部门和各级公安，交通，铁道，民航管理部门和县级以上人民政府的土地、矿业、林业、农业、水利、建设等行政主管部门。

表 3-5　我国环境管理行政机构职责表

	职能部门	职责	依据
1	国务院环境保护行政主管部门	对全国环境保护工作实施统一监督管理	
2	县级以上地方人民政府环境保护行政主管部门	对本辖区的环境保护工作实施同意监督管理	
3	国家海洋行政主管部门及其派出机构	分管海洋石油勘探开发和海洋倾废活动中防治海洋污染损害的监督管理工作	根据《海洋环境保护法》《海洋石油勘探开发环境保护条例》《海洋倾废管理条例》的规定
4	港务监督行政主管部门	对船舶、水土拆船污染海域和海港水域的环境污染、机动船舶噪声污染防治实施监督管理	根据《海洋环境保护法》《环境噪声污染防治法》《防止船舶污染海域管理条例》《防止拆船污染环境管理条例》的规定
5	渔政渔港监督行政主管部门	对渔业船舶排污、折船作业污染渔业港区水域的环境污染防治实施监督管理	根据《海洋环境保护法》《防止拆船污染环境管理条例》的规定

续表 3-5

	职能部门	职责	依据
6	军队环境保护部门	对部门在演练、武器试验、军事科研、军工生产、运输、部队生活等的环境污染防治实施监督管理	根据《环境保护法》和《中国人民解放军环境保护条例》的规定
7	各级公安机关	对环境噪声的污染、放射性污染、破坏野生动物和破坏水土保持等环境防治与自然环境保护实施监督管理	根据《环境保护法》《环境噪声污染防治法》《治安管理处罚条例》《放射性同位素与射线装置放射防护条例》《汽车排气污染监督管理办法》《道路交通管理条例》的规定
8	各级交通部门的航政机关	对陆地水体船舶的大气污染、水污染、环境噪声污染防治实施监督管理	根据《环境保护法》《大气污染防治法》《水污染防治法》《环境噪声污染防治法》的规定
9	铁道行政主管部门	对铁路机车环境污染防治实施监督管理	根据《环境保护法》《环境噪声污染防治法》的规定
10	民航管理部门（即中国民用航空局）	对经营通用航空业务的企业、事业单位和民用机场的环境噪声污染防治实施监督管理	根据《环境保护法》《大气污染防治法》《水污染防治法》、《环境噪声污染防治法》《通用航空管理暂行规定》《民用机场管理暂行规定》的规定
11	县级以上土地资源保护行政主管部门	对土地资源保护实施监督管理	根据《环境保护法》《土地管理法》《土地复垦规定》《农业法》的规定
12	县级以上矿产资源行政主管部门	对矿产资源保护实施监督管理	根据《环境保护法》《矿产资源法》的规定
13	县级以上林业行政主管部门	对森林资源、陆生野生动物、野生植物保护实施监督管理	根据《环境保护法》《森林法》、《野生动物保护法》《野生植物保护条例》《陆生野生动物保护实施条例》的规定

二、立法机构的设置和职能

我国现行的环境管理立法机构是全国人民代表大会环境与资源保护委员会（简称全国人大环资委）。1993 年 3 月 29 日第八届全国人民代表大会第一次会议通过增设全国人民代表大会环境保护委员会的决定，次年全国人民代表大会第二次会议将其改名为全国人民代表大会环境与资源保护委员会。该委员会是全国人大在环境和资源保护方面行使职权的常设工作机构，受全国人民代表大会领导。

全国人大环资委的主要职责是负责提出、拟定和审议环境资源方面的法律草案和有关的其他议案，并协助全国人大常委会进行资源与环境方面法律执行的监督等。具体职责有：

① 审议全国人大主席团或者全国人大常委会交付的议案；

② 向全国人大主席团或者全国人大常委会提出属于全国人大或者全国人大常委会职权范围内同本委员会有关的议案；

③ 审议全国人大常委会交付的被认为同宪法、法律相抵触的国务院的行政法规、决定和命令，国务院各部、各委员会的命令、指示和规章，省、自治区、直辖市的人民政府的决定、命令和规章，提出报告；

④ 审议全国人大主席团或者全国人大常委会交付的质询案，听取受质询机关对质询案的答复，必要的时候向全国人大主席团或者全国人大常委会提出报告；

⑤ 对属于全国人大或者全国人大常委会职权范围内同本委员会有关的问题，进行调查研究，提出建议。协助全国人大常委会行使监督权，对法律和有关法律问题的决议、决定贯彻实施的情况，开展执法检查，进行监督。

各省市、直辖市的地方人民代表大会也设置了相应的委员会。

第二节　我国环境管理的政策和法规体系

有效的环境管理离不开政策的扶持和法律规范的约束。环境管理的政策法规体系是环境管理体系的重要组成部分，由基本方针、法规体系、基本政策及相关政策四部分构成。

一、基本方针

（一）“32字”方针

在20世纪50年代末至60年代初“大跃进”时期，特别是全民大炼钢铁和国家大办重工业时，造成了比较严重的环境污染和生态破坏。在

1966年开始的“文化大革命”时期，国家政治、经济和社会生活处于动乱之中，环境污染和生态破坏明显加剧。在此期间，经济建设强调数量、忽视质量，片面追求产值，不注意经济效益，导致浪费资源和污染环境；一些新建项目布局不合理；一些城市不从实际出发，盲目发展，加剧了这些城市的污染；为了解决吃饭问题，一些地区片面强调“以粮为纲”，毁林毁草、围湖围海造田等问题相当突出。

1972年6月5日—16日，联合国在瑞典首都斯德哥尔摩召开了第一次人类环境会议。根据周恩来总理的指示，我国政府派代表团参加了会议。通过这次会议，我国高层的决策者开始认识到中国也同样存在着严重的环境问题，需要认真对待。于是在次年（1973年）的环境保护工作会议上正式提出环境保护的“32字”方针。

“32字”方针即全面规划、合理布局、综合利用、化害为利、依靠群众、大家动手、保护环境、造福人民。将鼓励公众自觉参与环境保护的议题摆到了突出的位置。这“32字”方针的提出为中国环境政策的制定提供了依据和指导。突出体现在“三同时”制度、排污收费制度、限期治理制度、环境影响评价制度四项制度的确定和开始实施，环境政策初步建立。

（二）环境保护是我国的基本国策

改革开放政策的实施带给我们经济的迅速发展和观念的强烈冲击。实施改革开放政策以来，更多的外国资本参与到现代化建设中来，当然要发展我国的环境事业，有效的利用国外资本是一个进行融资并借鉴发达国家环境保护经验的有效途径。但是，面临的另外的压力就是发达国家和地区的那些高污染、高消耗的工业向第三世界国家进行转移。对于我们环境政策尚不健全而又面临着经济发展的巨大压力的国情而言，这种矛盾的状况必然会导致环境问题的大量出现。

之所以说是经济增长而不是发展主要基于我国的环境状况仍然面临着严峻的形势而言的。人们在把注意力放在利润的同时忽视了它要带给我们的生存压力。当经济体制在相对更加宽松的环境中前进时，它似乎忘记了如果不能与环境保护协调发展，最终也会在这个瓶颈下而变成强弩之末。

在这样的背景下，1983 年召开的第二次全国环境保护工作会议将环境保护提高到我国的一项基本国策的高度，也使我国环境立法工作得以在更广、更深的水平上加速推进。从此，我国环境政策进入到环境管理阶段。在环境保护基本国策的指导下，我们不仅确立了环境保护三大政策“预防为主、防治结合”“谁污染、谁治理”和“强化环境管理”，而且制定了新五项制度，使得我们的环境政策体系日渐成熟。与此同时，我国的环境法令在注重环境保护的同时，内容也大大扩展，开始关注人民的生活质量。在这个十年中，水资源和大气方面的立法成就尤其突出。

（三）持续发展的战略方针

1992 年联合国环境与发展大会之后，1992 年 7 月，党中央、国务院批准了《中国环境与发展十大对策》；1994 年 3 月，国务院发布《中国 21 世纪议程——中国 21 世纪人口、环境与发展白皮书》，确定了实施可持续发展战略的行动目标、政策框架和实施方案，可持续发展战略成为我国经济和社会发展的基本指导思想。

中国环境与发展十大对策内容：

①实行持续发展战略。

②采取有效措施，防治工业污染。

③开展城市环境综合整治，治理城市“四害”。

④提高能源利用效率，改善能源结构。

⑤推广生态农业，坚持不懈地植树造林，切实加强生物多样性的保护。

⑥大力推进科技进步，加强环境科学研究，积极发展环保产业。

⑦运用经济手段保护环境。

⑧加强环境教育，不断提高全民族的环境意识。

⑨ 健全环境法规，强化环境管理。

⑩ 参照联合国环境与发展大会精神，制订我国行动计划。

二、基本政策

（一）“预防为主、防治结合”政策

“预防为主、防治结合”，是指将环境保护的重点放在事前防止环境污染和自然破坏之上，同时也要积极治理和恢复现有的环境污染和自然破坏，以保护生态系统的安全和人类的健康及其财产安全。

“预防为主、防治结合”政策的确立有着充分的依据，可归纳总结成以下几点：

1. 环境问题一旦发生，往往难以消除和恢复，甚至具有不可逆转性

由人类活动所造成的环境问题不像其他社会问题或法律问题一样具有较快的反应性，除排放高浓度物质污染环境直接造成人体健康或生物损害外，大多数环境损害都是在人们无法察觉的情况下进行的。由于生物圈内能量的流动要通过食物链或食物网来进行，因此许多有害污染物质也随着这条链或网在环境中不断地流动并蓄积于环境和生物体之中，当这些污染物质蓄积到一定程度时便会对环境、生物以及人类造成危害。在很多情况下，即使人类停止一切有害于环境的活动，但由于环境和生物间的能量流动，被蓄积的污染物质还会不断缓慢地释放出来。

另外，许多自然资源（如矿产资源等）的形成经历了上万年的历史和过程，因人类的开发和利用不注意对其加以保护，也会导致该种自然资源因过度开发而遭枯竭，使之不能恢复或永远灭失，从而影响生物的多样性。这种状况的结果只能是破坏了人类赖以生存的生态基础，它将给人类的生存繁衍以及经济和社会的发展造成严重的危害和威胁。

2. 事后治理环境污染和破坏的费用巨大，在经济上不合算

以“先污染后治理”的一些发达国家为例，在60—70年代，这些国家的环境投资一般要占到国民生产总值的1%到2%。日本1970年环境投

资占国民生产总值的1%，到1975年上升到2%，实际支出约200亿美元。美国在1970年代初环境投资占国民生产总值的1.6%，实际支出500亿~600亿美元。前欧洲共同体（现为欧洲联盟）曾经做了一个估算，如通过治理解决环境问题，总投资需占国民生产总值的3%，若以正常国民经济增长率为5%计算的话，大部分要花到环境投资上去。在中国，据1980年代初的不完全统计，环境污染每年造成的经济损失达690亿元，部分自然生态破坏造成的经济损失每年达265亿元，两项合计高达955亿元，占工农业总产值的14%左右。

3. 对环境损害的事后救济得不偿失

环境损害的特点是被害范围广、加害主体不易明确、加害具有持续性和反复性、难以圆满地以金钱填补损失等。因此，靠事后的法律救济一方面在经济分析上对加害者不利，另一方面在赔偿责任的确定上对被害者也不利。再则，因环境损害赔偿案件的审理在法律上要查明因果关系、确定加害者和被害者的责任，这在对环境问题的认识还具有很大的科学和技术局限性的今天仍然是非常困难的。

4. 环境问题在时间和空间上的可变性很大，对它的认识也具有科学的不确定性

以气候变化为例，科学家目前的认识截然相反。一种认为工业活动排放的二氧化碳等气体会导致“温室效应”，使全球变暖；另一种则认为这些气体会产生“阳伞效应”，从而使全球气候变冷。实际上，无论变冷变暖，这给全球的生态系统都会造成影响。从预防的角度出发，虽然科学不确定性导致认识的不一致，但是，控制人为活动的措施无论如何都只会对维持现存地球生态系统有益，而不能等到“冷”或“暖”的结果出现。否则，后悔也为时已晚。

因此，将预防为主、防治结合作为环境法的一项基本政策，是对过去环境问题深刻教训的一种总结，也是科学技术发展对环境认识的提高所提

出的要求。

中国在1970年代开展环境保护工作时，一开始便将“预防为主、防治结合”作为防治工业污染的方针政策。1978年将“防治污染和其他公害”写进《宪法》第11条。在1979年制定《环境保护法（试行）》时，将防治污染和其他公害作为立法指导思想之一，并且为之规定了环境影响评价和“三同时”制度以及防止自然资源破坏的措施。在此之后中国制定的所有环境法律也均将“预防为主、防治结合”作为立法的指导思想。

“预防为主、防治结合”不仅是中国，同时也是世界其他国家环境法的一项基本政策。

预防的一般意义是指在国家的环境管理中，通过计划、规划及各种管理手段，采取防范性措施，防止发生或可能发生人为活动对环境的损害。

在国际社会，基于环境问题的特点和发达国家的经验教训，1980年在由联合国环境规划署等联合制定的《世界自然资源保护大纲》里，曾就“预期的环境政策”做出规定。该《大纲》认为，“试图预测重”。“这种预期的环境政策包括所有行动以确保任何可能影响环境的重大决定，均在其最早阶段，充分地考虑到资源保护及其他的环境要求。这些政策并非在企图代替反应性或治理性的政策，而是纯粹起加强作用而已”。

在同一时期，经济合作与发展组织环境委员会也提出建议：各国环境政策的核心，应当是预防为主。这样一些主张和建议，导致1980年代后各国在环境政策的调整和转变过程中，预防为主的政策越来越受到重视，并成为国家环境管理和环境立法中的重要指导政策。

在中国，提出“预防为主、防治结合”政策的意义还在于采取预防措施并不是要将其代替治理措施，或认为治理不重要，而是鉴于中国的环境污染和破坏已经非常严重。仅靠前瞻性的预防只能“防患于未然”，它是防止今后可能再发生环境损害的主要手段。对于已经发生的环境损害则要强调积极的治理，在“防”的同时顾及“治”。

“预防为主、防治结合”政策要得到切实的贯彻与实施须做好以下三点:

首先，全面规划与合理布局。全面规划就是对工业和农业、城市和乡村、生产和生活、经济发展与环境保护各方面的关系做统筹考虑，进而制定国土利用规划、区域规划、城市规划和环境规划，使各项事业得以协调发展。合理布局主要是指在工业及其发展过程中，要对工业布局的合理性做出专门论证，并且对老工业不合理的布局予以改变，使得工作布局不会对周围环境和人民生活环境造成污染和破坏的不良影响。

其次，增强风险意识，并以防范风险作为决策的直接依据。由于预防的本意在于防患于未然，因此增强公民的风险意识尤其是决策者和管理者的风险意识是非常重要的。对于大型建设项目、改造自然项目（如在河川筑坝、发展核电、兴建大型工业、农业、水利、交通等项目），更应将可能造成的长久不良环境影响放在首位考虑。在对具有环境影响的大型建设项目的决策中，政治利益和政策应当让位于科学技术，此方面的决策在效果上，科学家、经济学家和法学家的发言权要优于政治家。

最后，制定和实施具有预防性质的环境法律制度。作为对单项环境立法的指导政策，“预防为主、防治结合”的政策在具体化方面是制定和实施具有预防性质的环境法律制度。在我国，目前已经制定有土地利用规划制度、环境影响评价制度，另外民法规定的预防性民事责任措施（如消除危险、排除妨害等）也是一种司法保障措施。为了贯彻“防治结合”，中国还确立了“三同时”制度。另外，为从源头上控制污染，我国于2002年6月29日通过《中华人民共和国清洁生产促进法》，规定了各项措施推进清洁生产。

（二）“污染者付费”政策

在我国，“污染者付费”最初是以“谁污染，谁治理”的提法出现。1979年的《中华人民共和国环境保护法（试行）》第六条曾规定：已经对环境造成污染和其他公害的单位，应当按照“谁污染，谁治理”的政策，制定规划，积极治理，或者报请主管部门批准转产、搬迁。1981 年国务院《关于国民经济调整时期加强环境保护工作的决定》突出强调：“工厂企业及其主管部门，必须按照‘谁污染，谁治理’的政策，切实负起治理污染的责任。”

1989 年的《中华人民共和国环境保护法》则将“谁污染，谁治理”政策修改为“污染者治理”政策。该法对污染者的责任规定为：“产生环境污染和其他公害的单位，必须把环境保护工作纳入自己的计划，建立环境保护责任制度；采取有效措施防治在生产建设或者其他活动中产生的对环境的污染和危害。”“排放污染物超过国家或者地方规定的污染物排放标准的企业事业单位，依照国家规定缴纳超标准排污费，并负责治理。”有学者将之归纳为“开发者养护，污染者治理政策”。

应该说“谁污染，谁治理”的文字表达明确了付费主体是排污者。实行该政策有利于明确治污责任，促使企业加强管理和技术改造，筹集治污资金，但该政策将治污责任限制在只对已经产生的污染负责，而且仅仅对污染的治理负责，实践中容易理解为只是治理污染源的责任，而治污责任并非污染者的全部责任，应包含对污染造成损失的赔偿责任。而且，这种仅限于治理，将配备防治污染设施、缴纳排污费、征收污染税等付费形式排除在外的政策，是一种消极的事后补救政策，在很大程度上不能贯穿于环境管理的全过程，从而也就失去了作为环境法基本政策的应有的价值和功能。

当人们意识到环境污染和生态保护并不是两个孤立存在的环境问题，应当综合考虑，进行一体化控制时，1990 年国务院《关于进一步加强环境保护工作的决定》把污染者付费政策扩展到自然资源开发利用领域，提出“谁开发谁保护，谁破坏谁恢复，谁利用谁补偿”。1996 年国务院《关于环境保护若干问题的决定》提出“污染者付费，利用者补偿，开发者保护，破坏者恢复”的环境保护方针，系统全面地表达了污染者付费政策在中国的发展。

“污染者付费”政策是指环境法律关系的主体在生产和其他活动中造成环境污染和破坏的，应当承担治理污染、恢复生态环境的责任。污染者，即已经对环境造成污染或破坏的主体。付费，主要是指承担责任，具体表现为费用的承担。承担的费用主要包括两个部分，一是对已造成的环境污染进行治理或修复所需要的费用，另一部分是对遭受环境污染的受害人进行赔偿的费用。这一政策并未将环境责任主体限于排放者，还包括了污染物的产生者。治理污染的责任范围不局限于主体自身，还扩展至区域的环境保护。这体现了污染者个体责任的扩大和保护公益权的法律要求，更符合环境保护的公益性质和环境资源的公共资源属性。

“污染者付费”政策的核心是“征收排污费制度”。征收排污费制度是指国家环境管理机关依照法律规定对排污者征收一定的费用的管理措施。该措施包括排污费的征收与使用两个方面。征收排污费的对象是超过国家和地方规定的污染物排放标准的企业事业单位。排污单位缴纳排污费并不免除其应承担的治理污染、赔偿损失的责任和法律规定应当承担的其他责任。征收排污费的污染物包括废水、废气、固体废物、噪声、放射性物质等5大类70多种。征收排污费是以申报登记的排放污染物的种类、数量、浓度为依据的。

污染者付费政策是随着我国社会主义市场经济体制发展而逐步建立和完善的。它有利于逐步实现“治污集约化”“环保设施产权多元化”“治污设施运行、服务市场化”，更好地引导企业进入环保市场，借助产业和市场保护好环境，真正走出一条与市场经济相应的环境管理新途径。该政策强调的是对已经发生的环境污染采取事后补偿的方法，是环境立法中一项重要基本政策，它和民法中“欠债者还钱”，刑法中“杀人者偿命”等朴素的法律概念一样，主要追究肇事者的责任，即谁污染了环境，谁就应当承担赔偿的责任。这符合法的公平精神。然而，污染者付费政策在实际施行中也并非完全公平，因为环境污染结果的发生往往须经长时间反复多次的污染，甚至是多种因素的复合累积之后，方才显现出来。其牵涉的高科技知识非一般常人所能了解，其因果关系之有无更非普通方法所能确定。况且形成污染的多种因素中的每个单一的排污行为大多又是合法的，很难确定谁是污染者。为此，立法上只能将那些对某一污染负有共同危险责任的行为人，不论其主观上有无过错，也不论各行为人之间有无共同污染的意思联络，只要他们对污染的发生有着直接和间接的因果关系，那么各行为人就应当共同地或分别不同程度地承担赔偿责任。它主要是针对已经发生的污染而起作用的，即事后的消极补偿。同时，它作为国家保护环境的一种手段，还可以通过征收超标准排污费或排污税等形式，来达到促使行为人减少对环境的污染的目的。但是，有时这一手段并非十分奏效，有些污染者在缴纳了一定的排污费或排污税后，仍然继续排污。

（三）“强化环境管理”政策

由于交易成本存在外部性，无法通过私人市场进行协调而得以解决。解决外部性问题需要依靠政府的作用。污染是一种典型的外部行为，因此政府必须介入环境保护中来，担当管制者和监督者的角色，与企业一起进行环境治理。强化环境管理政策的主要目的是通过强化政府和企业的环境治理责任控制和减少因管理不善带来的环境污染和破坏。强化环境管理，要把法律手段、经济手段和行政手段有机地结合起来，提高管理水平和效能。在建立社会主义市场经济过程中，尤其要注重法律手段，坚决扭转以牺牲环境为代价，片面追求局部利益和暂时利益的倾向，严肃查处违法案件。其主要措施有逐步建立和完善环境保护法规与标准体系，建立健全各级政府的环境保护机构及国家和地方监测网络，实行地方各级政府环境目标责任制，对重要的城市实行环境综合整治定量考核等。

三、环境管理的相关政策

环境管理具有高度的综合性，涉及经济、社会、政治、自然、科学技术等各个方面，故要达到其预期目标，除了“预防为主、防治结合”“污染者付费”“强化环境管理”三项基本政策之外，还需制定各项相关政策来完善其政策体系，如产业政策、技术政策、经济政策、法规等。

（一）产业政策

产业政策是政府为了实现一定的经济和社会目标而对产业的形成和发展进行干预的各种政策的总和。产业政策的功能主要是弥补市场缺陷，有效配置资源；保护幼小民族产业的成长；熨平经济震荡；发挥后发优势，增强适应能力等。

1. 产业结构调整政策

20世纪90年代以来，我国已颁布了一批产业结构调整政策，如《九十年代国家产业政策纲要》《汽车工业产业政策》《关于全国第三产业发展规划的通知》《外商投资产业指导目录》《水利产业政策》《当前国家重点鼓励发展的产业、产品和技术目录》以及《当前部分行业制止低水平重复建设目录》等。

2. 行业环境管理政策

行业环境管理政策，如《冶金工业环境管理若干规定》《建材工业环境保护工作条例》《化学工业环境保护管理规定》《电力工业环境保护管理办法》《关于加强乡镇企业环境保护工作的规定》《关于发展热电联产的规定》《关于加强水电建设环境保护工作的通知》以及《关于加强饮食娱乐服务企业环境管理的通知》等。

3. 限制和禁止发展的行业政策

1996年8月，国务院发布了《关于环境保护若干问题的决定》，要求在1996年9月30日前，对小造纸、小制革、小染料厂及土法炼焦、炼硫、炼砷、炼汞、炼铅锌、炼油、选金和农药、漂染、电镀、石棉制品、放射性制品等“15小”企业实行取缔、关闭或停产。

1999年6月5日，国家经济贸易委员会、国家环保总局、机械工业部联合发布了《关于公布第一批严重污染环境（大气）的淘汰工艺与设备的通知》，规定了15种污染工艺和设备的淘汰期限和可替代工艺及设备。

1999年12月又发布了《淘汰落后生产能力、工艺和产品目录(第二批)》，涉及8个行业119项。

2000年6月，再一次发布了第三批目录，涉及15个行业120项内容。

（二）技术政策

环境保护技术政策是我国环境政策体系的重要组成部分，是环境保护战略的延伸和具体化，是政府部门根据一定阶段的经济技术发展水平、发展趋势，以及环境保护工作需要，按照可持续发展的思想，针对污染严重的行业，提出的指导性技术原则和技术路线。它针对的主要对象是政府管理部门、各种企事业单位、经济组织、社会团体和公众等社会行为主体。

制定环境保护技术政策有以下几方面的意义：

第一，环境保护技术政策是不同行业企业进行环境污染防治的技术指南。环境污染防治具有很强的技术性，选择经济可行的污染防治技术路线、技术原则和技术措施，可以使企业少走弯路，节约污染治理成本。技术政策在对行业全方面分析的基础上，提出切实可行的技术路线，供企业选择参考，对企业污染防治起到技术指导作用。

第二，环境保护技术政策是政府管理部门进行环境管理的技术依据。环境管理的措施、要求必须与现实的技术水平相适应，技术政策为环境管理部门确定管理的对策、措施提供技术依据。

第三，环境保护技术政策是制订环境标准的技术原则。环境标准必须与一定时期的经济技术水平相适应，超过技术水平的环境标准是不可行的。技术政策可以为环境标准的制定提供技术依据。

第四，环保技术政策是环保治理技术开发的指导性依据。可以为企业开发污染治理技术，生产污染防治设备和产品提供方向性的引导。

环保技术政策是技术指导性文件，不是行政管理规定，在实施中不具有强制性，只供有关单位作为自律性依据，或制定污染防治对策的导向性依据。

我国已建立初步的环保技术政策总体框架体系：

1. 水污染防治技术政策框架名录

①城市污水处理及污染防治技术政策（已发布）；②草浆造纸工业废水污染防治技术政策（已发布）；③印染废水污染防治技术政策（已发布）；④畜禽养殖业污染防治技术政策；⑤酿造工业污染防治技术政策；⑥发酵工业污染防治技术政策；⑦皮革工业污染防治技术政策（即将制订）；⑧石油炼制工业污染防治技术政策；⑨石油化工行业污染防治技术政策；⑩合成氨工业污染防治技术政策；⑪烧碱、聚氯乙烯工业污染防治技术政策；⑫染料工业污染防治技术政策；⑬炼焦化学工业污染防治技术政策；⑭农药行业污染防治技术政策（正在制定）；⑮电镀行业污染防治技术政策；⑯制药工业污染防治技术政策（即将制定）。

2. 大气污染防治技术政策框架名录

①机动车排放污染防治技术政策（已发布）；②柴油车排放污染防治技术政策（年底发布）；③摩托车排放污染防治技术政策（年底发布）；④燃煤二氧化硫污染防治技术政策（已发布）；⑤水泥企业大气污染防治技术政策；⑥工业炉窑大气污染防治技术政策；⑦汽油油气回收污染防治技术政策。

3. 固体废物污染防治技术政策框架名录

①城市生活垃圾处理及污染防治技术政策（已发布）；②危险废物污染防治技术政策（已发布）；③废旧电池污染防治技术政策（年底发布）；④一般工业固体废物污染防治技术政策；⑤化学品污染防治技术政策；⑥废电子产品家用电器污染防治技术政策（即将制定）。

4. 环境噪声污染防治技术政策框架名录

①工业企业噪声污染防治技术政策；②道路交通噪声污染防治技术政策；③建筑施工场地噪声污染防治技术政策。

5. 生态环境保护技术政策框架名录

①矿山生态恢复环境保护技术政策（即将制定）；②农业面源污染防治技术政策。

（三）环境经济政策

根据经济学理论，环境问题是外部不经济性的产物，如向环境排放污染物、开采环境资源均会产生外部不经济性，其最终结果是造成环境污染和生态破坏。为解决环境问题，必须从环境问题的根源入手，通过一系列政策、措施，将外部不经济性内部化，理论和实践经验均已说明，环境经济政策是将外部不经济性内部化的最为有效的途径。环境经济政策按照价值规律的要求，运用价格、税收、信贷、收费，保险等经济手段，调节或影响市场主体的行为，以实现经济建设与环境保护的协调发展。随着社会主义市场经济体制的建立和不断完善、环境保护事业的不断深入，我国的环境经济政策也在不断发展、完善，目前，我国已实施的环境经济政策如表 3-6 所示：

表 3-6　主要环境经济政策一览表

环境经济政策类型	实施部门	开始时间	实施范围
资源税	税收部门	1986	全国
差别税收	税收部门	1984	全国
环保投资渠道	计划、财政、环保金融	1984	全国
生态环境补偿费	矿产、环保、财政	1989	广西、福建、江苏等地
财政补贴	财政、环保	1982	全国
运用信贷手段保护环境	环保、金融	1995	全国
环境资源核算	计划、环保、财政	不详	不详
污水排污费	环保	1991	全国
二氧化硫排污费	环保	1992	“两控区”
超标排污费	环保	1982	全国
排污许可证交易	环保	1987	实施总量控制的地区
废物回收押金制度	物资部门	不详	全国
污染责任保险	金融、环保	1991.1	大连、沈阳
生活污水处理费	城建、环保	1994	上海、淮河流域的城市等
污染赔款、罚款	环保	1979.9	全国

值得一提的是，我国的环境经济政策虽然种类较多，但真正在全国范

围内实施并发挥作用的并不多。有些环境经济政策虽然有政策性规定，但是由于没有配套的措施，并没有起到应有的作用。例如，中国人民银行于1995年制定了政策：要求各级金融机构“不符合环保规定的项目不贷款”，但是，由于没有配套的措施，这项很好的环境经济政策并没有得以实施。再如，我国虽然已经建立了差别税收政策（如“对‘三废’综合利用项目减征、免征增值税”就是一种差别税收政策），但是，与发达国家相比，我国的差别税收政策种类较少、应用领域较窄；环境税收政策仍处于初创阶段（理论研究阶段）；生态环境补偿费、排污许可证交易、废物加收押金制度、环境资源核算、污染责任保障仍处于起步阶段。另外，已有的环境经济政策还有待完善之处。

四、环境法规体系

不管是什么，没有法律法规的强力支撑都只是个空架子，华而不实。通过建立环境法规体系，规范环境管理，环境管理才得以真正落到实处。

（一）环境法律责任

我国法律责任有行政责任、民事责任和刑事责任之分，同样地，环境责任也分为环境行政责任、环境民事责任和环境刑事责任。

1. 环境行政责任

所谓环境行政责任，是指违反环境法和国家行政法规中有关环境行政义务的规定者所应当承担的法律责任。

承担责任者既可能是企事业单位及其领导人员、直接责任人员，也可能是其他公民个人；既可能是中国的自然人、法人，也可能是外国的自然人、法人。

2. 环境民事责任

所谓环境民事责任，是指公民、法人因污染或破坏环境而侵害公共财产或他人人身权、财产权或合法环境权益所应当承担的民事方面的法律责任。

在现行环境法中，因破坏环境资源而造成他人损害的，实行过失责任原则。行为人没有过错的，即使造成了损害后果，也不构成侵权行为、不

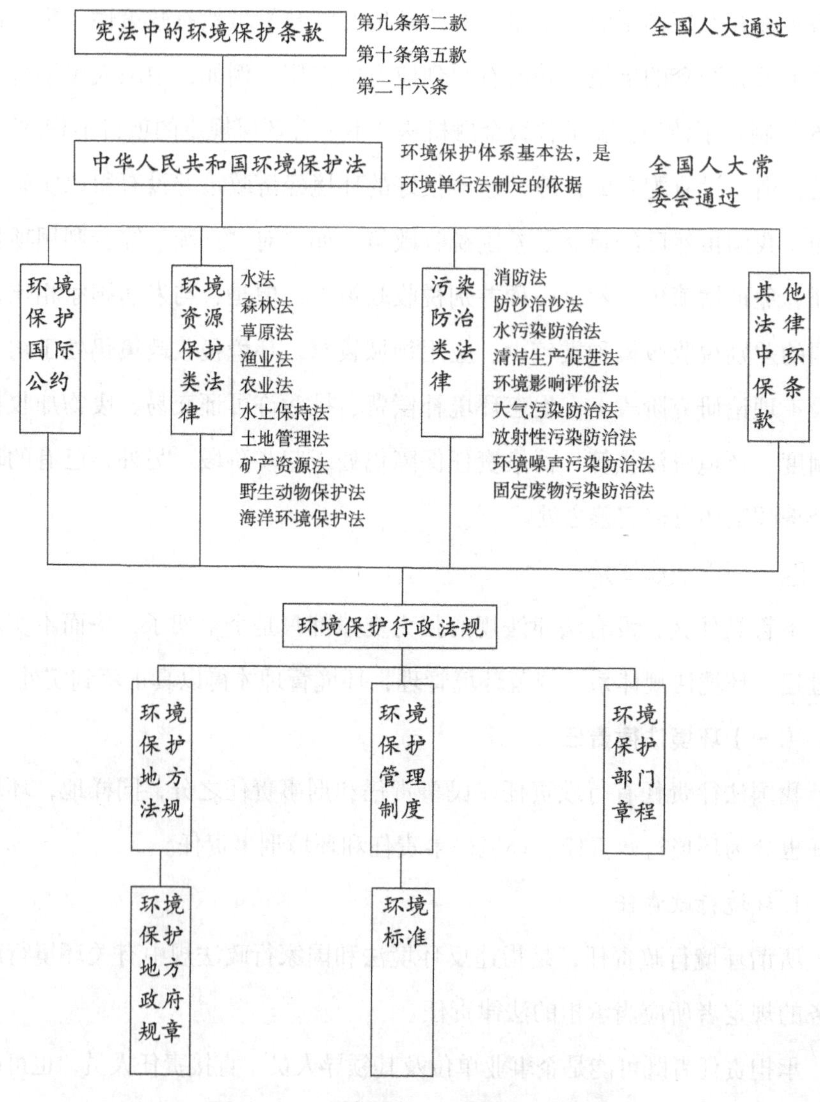

图 3–1　环境保护法规体系框架图

承担民事赔偿责任。其构成环境侵权行为、承担环境民事责任的要件包括行为的违法性、损害结果、违法行为与损害结果之间具有因果关系、行为人主观上有 4 个方面过错。

3. 环境刑事责任

所谓环境刑事责任，是指行为人因违反环境法，造成或可能造成严重的环境污染或生态破坏，构成犯罪时，应当依法承担的以刑罚为处罚方式的法律后果。

构成环境犯罪是承担环境刑事责任的前提条件。与其他犯罪一样，构成环境犯罪、承担环境刑事责任的要件包括犯罪主体、犯罪的主观方面、犯罪客体和犯罪的客观方面。

（二）我国环境保护法规体系

从环境保护法规体系框架图中可看出，我国环境保护法规体系由上至下、由整体到局部可分为以下七个层次：

1. 宪法中的环境保护规范

宪法在一个国家法律体系中处于最高位阶，它是一个国家的根本大法。1982年我国宪法26条规定："国家保护和改善生活环境和生态环境，防治污染和其他公害。"这一规定是国家对环境保护的总政策，说明了环境保护是国家的一项基本职责。此外，我国宪法第9条、第10条、第22条、第26条中对自然资源和一些重要的环境要素的所有权及其保护也做出了许多的规定。

宪法为我国的环境保护活动和环境立法提供了指导原则和立法依据。

2. 环境保护基本法

我国在1979年制定了第一部综合性环境基本法《环境保护法（试行）》。

1989年颁布了《环境保护法》，这部新的综合性环境基本法在环境保护的重要问题上都做了相应的规定，它在环境法律法规体系中，占有核心和最高地位。其主要内容包括：第一章总则、第二章环境监督管理、第三章保护和改善环境、第四章防治环境污染和其他公害、第五章法律责任、第六章附则，共47条。

3. 环境资源单行法

环境保护单行法是针对特定的保护对象而进行专门调整的立法，它以宪法和环境保护综合法为依据，又是宪法和环境保护综合法的具体化。因此，单行法规一半都比较具体详细，是进行环境管理、处理环境纠纷的直接依据。

环境保护单行法包括污染防治法（水污染防治法、大气污染防治法、固体废弃物污染防治法、环境噪声污染防治法、放射性污染防治法等）、生态保护法（水土保持法、野生动物保护法、防沙治沙法等）、海洋环境保护法和环境影响评价法等。

4. 国家其他法律有关环境保护的规定

（1）刑法

1997 年 3 月 14 日全国人民代表大会八届五中会议通过了刑法（修订案）。新修订的刑法分则第六章第六节专门规定了破坏环境资源保护罪，具体规定了 12 种破坏环境资源保护罪。根据它们侵犯对象和行为性质的不同，可以分为 4 种类型。

第一类，污染环境方面的犯罪，包括污染环境罪，非法进口固体废物危害环境罪；

第二类，有关野生动物及其制品方面的犯罪，包括非法捕捞水产品罪，非法捕杀珍贵、濒危野生动物及其制品罪，非法狩猎罪；

第三类，有关植物方面的犯罪，包括非法采伐、毁坏珍贵树木罪，非法收购盗伐、滥伐的林木罪；

第四类，破坏资源方面的犯罪，包括破坏耕地罪、破坏矿产资源罪。

新刑法的颁布，对于协调有关环境保护和资源保护法律，完善刑法，与国际立法接轨，具有重大意义，为采用刑法手段保护环境提供了依据。

（2）行政法

行政法是依照宪法原则而制定的并涉及环境管理范畴的行政法律，如《民法通则》《农业法》《企业法》《乡镇企业法》《对外贸易法》《标准化法》《行政处罚法》《文物保护法》《公共卫生法》《食品卫生法》等中有关环境保护的条款。

5. 国家行政部门制定的各种环保法令、法规和条例

国家行政部门制定的各种环保法令、法规和条例是指国务院环境保护

行政主管部门单独发布或与国务院有关部门联合发布的环境保护规范性文件，一级国务院各部门依法制定的环境保护规范性文件。这些规范性文件是以环境保护法律和行政法制定的，或者是针对某些尚未有相应法律和行政法规调整的领域做出相应的规定。这些法令、法规、条例和决定，具有国家行政强制力，而且针对性和操作性都较强，对我国环境规划与管理走上法制轨道起到了重要的推动作用。例如《国务院关于结合技术改造防治工业污染的几项规定》《国务院关于环境保护工作的决定》《国务院关于加强乡镇、街道企业环境管理的规定》《国务院关于环境保护若干问题的决定》以及《医疗废物管理条例》《危险化学品安全管理条例》等。

6. 环境保护地方法规

地方法规是各省、自治区、直辖市根据我国环境法律或法规，结合本地区实际情况而制定并经地方人大审议通过的法规。地方法规突出了环境管理的区域性特征，有利于因地制宜地加强环境管理，是我国环境保护法规体系的组成部分。国家已制定的法律法规，各地可以因地制宜地加以具体化。国家尚未制定的法律法规，各地可根据环境管理的实际需要，制定地方法规予以调整。

7. 签署并批准的国际环境公约

《中华人民共和国环境保护法》第46条规定“中华人民共和国缔结或者参加的与环境保护有关的国际条约，同中华人民共和国的法律有不同规定的，使用国际条约的规定，但中华人民共和国申明保留的条款除外”。这就是说，中国缔结或参加的国际条约，较中国的国内环境法有有限的权力。

目前中国已经签订、参加了60多个与环境资源保护有关的国际条约，如《联合国气候变化框架公约》及《京都议定书》《关于消耗臭氧层物质的蒙特利尔议定书》《关于持久性有机污染物的斯德哥尔摩公约》《生物多样性公约》《联合国防治荒漠化公约》等。除中国宣布予以保留的条款外，它们都构成中国环境法体系的一个组成部分。另外，中国已先后与美国、日本、朝鲜、加拿大、俄罗斯等42个国家签署双边环境保护合作协议或谅解备忘录，与11个国家签署核安全合作双边协议或谅解备忘录。

第三节　国内外环境管理体制的比较研究

一、国外环境管理体制的分析

世界各国在环境管理上都有自己独到的制度，其中一些制度取得了巨大的成功，在环境管理上发挥了显著的功效。认真探讨、总结和借鉴国外环境管理制度的成功经验，对于我们发展和完善我国的环境管理制度，具有十分重要的现实意义。由于篇幅所限，本书仅对美国、日本、瑞典等国较为成功的环境管理制度进行了研究。

（一）国外环境管理体制的发展历程

国外发达国家在经过多年的环境管理体制的发展改革历程之后，形成现在的比较健全完善的环境管理制度，虽然各有不同，然而都会有着大概相似的内在发展规律。因而，研究国外发达国家的环保管理体制的改革发展历史，总结其中的成功经验，对中国的环境管理制度的改革，对最终建立最严格环境管理制度，有着很大的借鉴作用。

1. 美国的环保管理体制改革的历史沿革

虽然美国与中国采用不一样的国家政治制度和法系，但面临着一样严峻的生态环境破坏问题，而两国国土面积比较相近，在自然环境、资源分布以及经济布局上不平衡的局面比较相似，因此，其环保行政管理体制值得中国借鉴。

1960年，美国总统办公厅根据《国家环境政策法》的规定设立环境质量委员会。环境质量委员会只对总统负责，其主要的职责为协助总统编制环境质量报告，收集有关环境条件和趋势的情报等[1]。1970年12月颁布

---

[1]　王曦：《美国环境法概论》，武汉大学出版社1990年版，第217页。

《政府改组计划第三号令》，成立联邦环保局，是一个独立的环境保护行政部门，只对总统负责，其主要职责是为制定和实施环保政策、法令和标准，对州和地方政法、个人和有关组织控制环境污染的活动提供帮助，协助环境质量委员会向总统提出和推荐新的环保政策等[1]。

州政府都设有环境质量委员会和环境保护局，州的环保局在美国的环境保护中占有重要地位，大多数控制环境污染的联邦法规都授权联邦环保局把实施和执行法律的权力委托给经审查合格的州环保机构。需要指出的是，各州的环保局并不隶属于联邦环保局，而是依照州的法律独立履行职责，除非联邦法律有明文规定，州环保局才与联邦环保局合作[2]。

2. 日本的环保管理体制改革的历史沿革

日本与中国有着相似的文化背景，先后走上一条相似的“先污染，后治理”的道路，且都采用单一制，人口压力相对都比较大，所以其环保行政管理体制同样值得中国借鉴。

1963年以前，日本的环保工作分别由内阁各省、部分管理。

在1963年，在首相府设立公害对策推进联络协议会，后改为公害对策本部，职责是协调各省、部分的环保工作。

1970年7月，日本成立了公害防治总部，直属于首相领导，而具体的工作则是由产业、厚生、建设、交通等省、厅去完成。

从1963年到1970年的这段时期的日本环境管理属于分散式，中央一级由大藏省、厚生省、农林省、通产省、运输省和建设省行使环保监督管理权。这种管理模式下，由于实行分头管理而造成政出多门、管理混乱和软弱的局面。

1971年，日本正式成立环境厅。其职责主要是负责环境政策及计划

[1] 解振华：《国外环境保护机构建设实践分析》，载《中国环境报》1992年第2期。

[2] 本部分资料来源于中国环境与发展国际合作委员会《国外环境保护机构设置国别情况介绍》一文。

的制定，统一监管全国的环境保护工作，而相关的省厅就负责其部门具体的环境保护工作。自此，日本的环境保护管理体制由分散式转变为相对集中式的管理模式。

2001 年 1 月，日本环境厅升格为环境省，环境省集中了原在产业和厚生两省的固体废弃物的管理职能，实现了由相对集中式到集中统一管理模式的转变。

3. 瑞典的环保管理体制改革的历史沿革

瑞典作为世界上第一个开始环境保护的国家，在 1964 年就颁布了第一部与环境保护相关的法规《自然保护法》，在 1969 年又颁布了一部正式的环境保护基本法《瑞典环境保护基本法》，之后几年陆续制定颁布了 15 个单项与环境保护相关的法规[1]。

为进行严格的环境保护监督，政府设立了环境检测专业机构，并在 1973 年就开始对空气污染进行检测，除对工业污染物跟踪检测外，还对地表 O_3、SO_2、卷心菜含铅量以及儿童血液含铅量等进行检测，并实行环境年报制度。

1999 年，颁布《国家环境保护法典》，确立了环境管理的基本原则，对所有个人、单位都在环境保护方面的权利和义务进行明确规定。

瑞典的环境保护管理体制是一个综合的管理机制，其综合运用了法律、行政、经济和信息等手段。在欧盟成员国中瑞典虽然为一小国，但它在环境保护方面拥有很高的声望，被誉为“环境保护的先驱国家”，成为其他成员国学习的典范[2]。

4. 国外其他国家的环保管理体制改革

（1）德国的环保管理体制改革

德国在 1974 年就建立了环保部和科学顾问委员会，此后，在各个州

[1] 杨居凤等:《瑞典与中国的环境管理体制比较》，载《产业与科技论坛》2008 年第 11 期。

[2] 王艳芬:《从环境政策角度分析瑞典对欧盟的影响》，http://d.g.wanfangdata.com.cn/Thesis_Y1254405.aspx

建立了部长环境会议机制。20世纪80年代起，德国的环境政策从强制性控制逐渐转向预防和合作，成立了联邦环境部。在2001年成立了可持续发展委员会，对环境与社会的可持续发展的成果与问题向政府汇报[1]。

德国的法律明确规定，其环境行政管理权责体系分为：联邦、州、地方3级。联邦政府的环境管理主要职能是一般环境政策的制定、核安全政策的制定与实施及跨界纠纷的处理。州政府的环境管理职能主要包括：州环境法规、政策、规划的制定；对各区环境行为的监督等。地方政府对解决当地环境问题有一定的自治权，同时接受州政府直接委派的一些任务。

（2）韩国的环保管理体制改革

1973年，韩国在健康和社会事务部的卫生局下设一个污染防治处，于1977年将其升格为环境管理局，成为健康和社会事务部中的一个局；1980年设立独立的环境管理局，属于健康和社会事务部代管而相对独立的一个副部级机构；1990年该局升格为环境部，成为国家直属机构。环境部负责自然环境、生活环境及环境污染防治等事务。环境部长是国务委员，受国务总理的命令就环保政策、计划及其执行在各部门间进行统一协调。

（3）英国的环保管理体制改革

1970年英国将原住房地方政府部、公共建筑及工程部、运输部的环保工作合并，成立环境部。其主要职责是：全面负责污染防治工作，协调各部门的环保工作；制定土地使用规划；负责内陆水保护；空气污染防治；控制路上交通引起的污染；管理陆上固体废物[2]。

在地方，由郡议会、区议会、海洋渔业协会等协作进行环境保护管理。而在流域管理方面，1973年根据《水法》设立10个水管局，各局对其区域

---

[1] 戴双玉：《中国环境保护行政管理体制改革研究》，http://cdmd.cnki.com.cn/Article/CDMD-10532-1011264534.htm

[2] 杨兴、谢校初：《美、日、英、法等国的环境管理体制概况及其对中国的启示》，载《城市环境与城市生态》，2002年第4期。

内的水问题实施全面管理。1989年,水管局的经营职能与管理职能分离,给水、排水和污水处理等部分改制为私有水服务公司,其余部分则成为河流管理局。

（4）法国的环保管理体制改革

在1970年以前，法国的环保事务由各部门分散管理，之后，为加强环保工作，于1971年设立环境部。其主要职责是：负责狩猎和淡水捕鱼的管理；地表矿开采的安全及管理；水体的保护、安全及管理；保护自然风光、风景名胜、海滨和山脉，协调公害防治的行动。

在地方，法国通过22个大区环境局和省农林局、省卫生委员会履行相应的环保职责。法国的水务由环境部负责，并设有水委员会，作为水事咨询机构。法国将全国划分为六大流域,在每条流域设置流域委员会和水管局。

（二）国外环境管理体制的特点分析

对国外发达国家环境管理体制的特点分析，总结其中的成功经验，对中国的环境管理体制的改革，对最严格环境管理制度的建立，有着很大的启示作用。

1. 美国环保管理体制的特点

（1）“服务型政府”理念深入人心

美国联邦环保局成立于20世纪70年代，是为了应对当时日益严重的环境问题而设立，服务于环境保护这一国家社会性的问题[1]，正如大须贺明指出的：“国家和地方公共团体对于企业等造成的环境破坏所实行的功法规则，或者为改善已经恶化的环境所采取的积极性措施，都是基于国家环境保护义务的，即为了应对作为社会权性质侧面的环境权而实施的[2]。”这也符合了政府作为解决外部性问题和提供公共产品者的身份。

---

[1] 崔巍：《环境保护行政管理体制研究》，http：//d.wanfangdata.com.cn/Thesis_Y1693149.aspx

[2] 大须贺明[日].林浩 译：《生存权论》，法律出版社2001年版，第199页。

（2）法律统一授权和联邦环保局的独特地位

美国在 1970 年通过了《国家环境政策法》，依法成立的联邦环境保护局根据法律授权拥有管辖全国环境的权力，制定相关法律的实施细则，州政府不仅要遵守环境法律的规定，而且也要遵守其制定的相关规定、规划。

联邦环保局独特地位是其职能良性发挥的保证。联邦环保局直接对总统负责，而且可以参加内阁会议，不附设在任何部门之下，不受其他任何部门的干涉。联邦环保局有着庞大的人力和雄厚的财政支持。首先美国联邦环保局在华盛顿总部人员，负责各项环境政策的制定，约有 6000 人；分布在全国的十个区域办公室的人员负责监督各个州具体落实各项政策，约有 1 万人；分散在华盛顿以及美国其他各地的美国环保局直属研究人员对政策的制定进行技术支持，约 2000 人。其次，设置环境税收制度，使得环保财政投入充足，而各个州环境管理机构的部分预算来自联邦政府所设立的全国性大项目[1]。

（3）完善的机构设置以及与联邦其他部门的配合

从联邦环保局内部机构，可以看出其已经形成了较为完备的立体保护模式，如污染、杀虫剂和有毒物质办公室将农药污染事务也囊括其中，而且也形成了政策、执法、监测、污染解决、经济发展协调、技术支持等完备的职能。更为重要的是，联邦环保局的环境执法队伍实行环境检察官制度，环保执法首先是对法律条款的适用者监测，这使环境保护行政机构有了准司法的职能[2]。当然地，环保局也必须与其他联邦机构通力合作才能保证其工作目标的实现[3]。

---

［1］ 陈少强、邹敏：《发达国家的环境税及其借鉴》，载《生态环境与保护》，2009 年第 2 期。

［2］ 秦虎、张建宇：《美国环境执法特点及其启示》，载《生态环境与保护》，2005 年第 18 期。

［3］ 马英杰、房艳：《美国环境保护管理体制及其对中国的启示》，载《全球科技经济瞭望》，2007 年第 8 期。

（4）设立较为科学的派出机构与地方政府形成良好的互动关系

美国的自然条件、人口密度和经济发展状况分布复杂，并采用联邦制，联邦政府与州政府不是直接的隶属关系，而是监督与监督、合作、支持与被支持的多样复杂关系。美国各州的环保局不隶属于联邦环保局，而是依照州的法律独立履行职责，除非联邦法律有明文规定，州环保局才与联邦环保局合作。

联邦环保局以及区域办公室主要使用市场经济手段激励各个州政府对环境问题进行积极的解决，特别是通过联邦对各个州的项目拨款进行激励。联邦环保局有相当多的预算用于项目实施。许多地方政府在联邦环保局的领导下获得经验和信息的共享，并得到很多环境上和经济上的好处，因而会很大程度参与到各个地区办公室发起的环境管理项目中来。

（5）地方各级政府环保管理体制因地制宜呈多样性

美国州以下的政府呈现出多样性，相应的地方政府的环保行政部门的设立也出现了两种不同的体制，主要是在基层政府层面的差异，依据人口和辖区范围大小以及复杂程度，一是采取由其政府或其他部门兼管，二是专门设立环保行政主管部门，而由于其州环境行政主管部门和联邦环境报局的严格监督，以及美国悠久的地方自治历史和民众监督，其环保职能基本都能够充分的发挥。

2. 日本环保管理体制的特点

（1）环保行政主管部门的独立地位，职能不断加强

日本内阁在20世纪70年代就设立了中央环境保护行政主管部门环境厅，环境厅主要负责环境政策及计划的制定，统一监督管理全国的环保工作。根据法律规定，环境厅有权向各部门提出质询和环保要求，各部门应予以答复并采取措施。环境厅长官是内阁成员，可以参加内阁会议，可直接向总理报告环境事务，或提出立法建议，亦可向有关部门提出建议[1]。

---

[1] 崔巍：《环境保护行政管理体制研究》，http：//d.wanfangdata.com.cn/Thesis_Y1693149.aspx

（2）工作部门设置考虑经济发展和环境事务的协调性

二战之后，日本经济发展迅猛，却由于忽视环境问题而导致了震惊世界的水俣病和骨痛病等“公害病”的爆发，日益严重的环境污染制约了经济的发展。除了环境污染外，狭小的国土面积、密集的人口和贫乏的资源，都要求日本必须树立“可持续发展”理念。所以日本在20世纪初就不断通过立法来确立循环经济的发展模式[1]。与之相应，环境省设置了综合环境政策局，该局综合负责环境与经济问题的环境与经济课，设立废弃物处理、废物再生利用对策部，并设立了工业废物管理科和处理非法倾倒对策的循环促进办公室来作为其工作部门。与经济产业省共同执行建设生态工业园区，倡导发展可持续发展的生态工业经济，并通过中央环境审议会议，积极推进构建“循环性社会”[2]。

（3）对企业的环保工作的独特监督

日本在近现代发展过程中，商业财阀不断地控制国家经济命脉，同时也在公害污染事件中扮演着污染者的角色，所以治理污染必须首先从企业入手。在建立企业环保机构的发展中，逐渐形成了总公司领导直接负责环保委员会，统一管理各分公司的环保工作，并设置专门的公害防止管理员和节能管理员来完成企业的环保职能。公害防止管理员由公司领导直接管理，其职责是测定企业排放的污染物，管理污染处理设施，并将测定的数据进行记录和整理后上报有关行政部门。政府通过能力考试和资格认证，使企业的部分环境管理社会化和规范化。法律规定，环境管理员必须通过国家专门的统一考试，要求非常严格。环境管理员上任后其职责要求也很严，根据相关法律规定，若其严重失职，可能被判服刑，处罚是相当严厉的。

---

[1] 王蓉：《资源循环与共享的立法研究——以社会法视角和经济学方法》，法律出版社2006年版，第69页、第79页。

[2] 《日本循环性社会基本法》第十五条。

企业环境管理员制度既降低了污染产生量，也有利于污染的防治[1]。

（5）地方环保行政体制的完善性和先导性

在日本环境保护行政体制的发展过程中，地方环境保护行政体制一直发挥着推动作用。比如20世纪50年代，日本濑户内海爆发地区水俣病，当地政府就通过其推选出的国会议员起草《濑户内海环境保护临时措施法》并递交国会审议，最终出台了有名的《濑户内海环境保护特别措施法》，该法赋予了地方政府在企业排污方面广泛的审查权和征求有关政府负责人的职能，在沿濑户内海的各级地方政府成立了环境保护工作会议制度，经过三十余年的治理，濑户内海流域和环海地区的环境有了很大的改善。

日本地方环保行政体制先导性发展使得其体制构建更为完善，能够更好地解决地方所应对的环境问题。该体制中包括了很多审议和咨询部门以及环境科学研究机构，一方面拓展了地方政府之间合作和自主的协同机会，另一方面，扩大了民众、专家和政府共同参与和解决问题的渠道，形成了“官方——专家——民众”良性沟通，促进了地方环境政策和法令的正确制定和有效实施。

3. 瑞典环保管理体制的特点

瑞典是最早开展环境保护、引入环境可持续发展理念的国家，经过多年的努力，在环保机构、法规体系、监督管理等方面都取得了很好成就，在经济和科技高速发展的同时保持了良好的生态环境，成为可持续发展社会的范例。

（1）环境保护优先作为主导原则

瑞典在国家政策制定的总方针上把环境保护优先作为主导原则，为实现环境目标不过多地考虑经济费用，并且大力扶持环保产业与环保教育，达到很好的经济与环境效益。目前，环保产业已占瑞典产业收入可观的

[1] 易阿丹：《中日两国环境管理体制的比较与研究》，载《湖南林业科技》2005年第23期。

市场份额，据瑞典统计署估计，其年产值达到2400亿克朗，就业9万人次[1]。瑞典的生态农业的发展居世界领先水平。

（2）科学分级管理，职责明确

瑞典环境管理实行分级管理，各部门职责明确。在国家层次上，议会负责环保法律的制定，环保部制定国家环境保护政策、履行国际环境保护义务和责任。环保部下设国家环境保护局和国家化学品管理局[2]。第二层次是郡管理委员会。郡管理委员会是一级政府，主要负责规划农业、民防、文化遗产保护、环境保护、自然保护和区域开发。郡管理委员会是执行国家环境政策的主体，也负责本区域环境目标的制定工作。第三个层次是区（地方）环境和公共健康管理委员会[3]，负责区（地方）具体环境保护管理工作的实施落实。

（3）完备的环境保护行政管理运行机制

第一是拥有健全的法律保障机制。1964年，瑞典就颁布了第一部环境保护法规《自然保护法》，1969年又正式颁布环境保护基本法《瑞典环境保护法》，后相继制定了15个单项环境法规。1999年出台的《国家环境保护法典》，确立了环境管理的基本原则，并对所有单位、个人在环保方面的权利和义务进行明确规定。由于其法律和法令是在不同的时期制定的，对相同的问题在不同的法律条文中出现不同的解决办法，因此瑞典现在新制定了《环境法典》，协调以上情况。此外，还成立了特别的环保法庭，由国家环保最高法庭和5个区域环保法庭组成，专门审理环保案件，由司法人员和专门的技术人员共同负责。

第二是拥有严格的监督机制。主要表现在两个方面：一是政府的监督。

[1] 段启明：《瑞典生态文明建设的启示》http://www.cppcc.gov.cn/2011/11/24/ARTI1322122660500343.shtml.

[2] 王伟荣：《瑞典环保制度的特点及启示》，载《浙江人事》，2007年第1期。

[3] 《瑞典环境管理组织机构》，http://www.bjee.org.cn/cn/news.php?news_id=5565.

政府设立的环境管理部门具有明确的监督职责，还设立了环境检测专业机构。二是民众及民间组织的监督。在瑞典，从环境立法到各项规章制度的执行，民众都广泛参与监督，确保政府公正、合理地行使行政权力，也确保企业和个人真正参与环境保护行动。

第三是拥有综合科学的管理机制。主要表现为综合运用各种管理手段：一是法律手段。通过制定完善的环境相关法律制度，对违法的行为给予强制性法律制裁；二是行政手段。在国家环保政策框架内，研究制定实施条例和具体执行标准，按照产品不同类型分别采取禁止生产、许可生产、按标准生产等强制性管理措施。政府采购公开招标时，明确规定同等条件下环保产品优先中标；三是经济手段。采取行之有效的税收、税收减免和补贴等经济手段。在瑞典，任何造成环境污染的生产活动，都必须征税或收费。四是信息手段。政府定期向各类学校提供环保信息，为居民介绍最新环保知识并公开各类化学污染品的使用、转移、流通。

二、国外环境保护管理体制的发展经验总结

各国环境保护管理工作在不同时期的工作重点有所不同，但都遵循着类似的模式，即依次解决供水、污水处理、大气污染控制、废物处理、自然资源管理、全球环境问题等。如今，随着全球化的不断发展，经济与环境之间的关系日益密切，环境问题涉及生产、流通和消费的各个领域，尤其是全球关注的气候变化等全球环境问题成为各发达国家环境保护的优先领域。各主要发达国家的环境管理体制改革也是按照环境问题的发展规律进行的，其中的经验对我国建立和完善环境管理制度有着借鉴作用。

（一）与国情相适应的环保管理体制的发展

虽然各国环境管理体制不存在统一的模式，但其改革都经历了从无到有、从小到大、从弱到强、不断发展壮大的过程。从发展阶段来看，国外的环境管理体制的改革大致经历了三个阶段：分散管理、单一管理、综合管理。

1. 分散管理阶段

环境管理权由不同的部门分别行使，在环境问题尚不太严重的初期，国外大多采用这种形式。这种管理体制的优点是管理机构熟悉业务，可以把环境管理与其业务管理协调起来；缺点是由于管理机关既有业务上的目标又有环境目标，有时会牺牲环境利益而追求经济利益。

2. 单一管理阶段

单一管理的模式一般是在分散管理的基础上发展起来的。政府为了集中消除环境污染和公害，成立了专门的环境保护机构。这种管理体制的优点是达到了对环境问题的统一管理。但是，由于这种环境保护机构只管环境，其弊端是显而易见的。因为负责“发展”或“开发”的那些机构，无论在规模、能力和强度上，都远远大于负责“环境”事务的机构。只要环境与发展的职能相互分离，那么环境得到改善和恢复的速度就会远远落后于环境受到影响和破坏的速度。

3. 综合管理阶段

为了弥补分散管理和单一管理模式的缺陷，国外对环境保护机构的设置开始遵循综合决策的原则，也就是开始实施综合管理的环境保护管理体制。目前，普遍认为可行的环境与发展综合决策实施机制是实现可持续发展的具体落实途径。

国外环境保护机构在落实这种环境与发展综合决策的具体表现是：提高环境保护机构的地位，增加其职能以及建立各种环境保护协调机制等。

（二）注重分级管理并逐步扩大职能范围

分级管理在联邦制国家表现尤为突出。美国由联邦政府制定基本政策、法规和排放标准，由州政府负责实施，在确认联邦政府在制定和实施国家环境目标、环境政策、基本管理制度和环境标准等方面占主导地位的同时，承认州与地方政府在实施环境法规方面的重要地位。

随着人类对环境问题认识的不断深入，环境管理机构的职能范围也逐步扩大，如美国于1970年把分散于农业部、健康、教育和健康与保健部、内政部及原子能委员会、联邦放射物管理委员会、环境质量委员会等部门的环保职能集中到环保局。日本于2001年将原来厚生省和产业省中固体废弃物的管理职能集中到环境省，实现统一管理。

（三）大部分国家设置综合决策协调机构

由于环境管理的综合性、复杂性，以及与社会、政治、经济的关联性，大部分发达国家除了成立环境管理专门机构，还设有环境管理综合决策协调机构或机制，如美国联邦和州政府都设有环境质量委员会和环境保护局，环境质量委员会的职能主要是为总统提供环境政策方面的咨询和协调各行政部门有关环境方面的活动；日本除了环境省，还成立了公害对策会议，作为总理府的下属机构，会长由内阁总理兼任，委员由内阁总理在有关的省、厅长官中任命若干位，其主要职权是处理有关都道府县制定的公害防治计划、审议有关防治公害的基本的和综合的措施并促进这些措施的实行等；瑞典环保部设立了环保协调办公室，负责加强各部门在环保事务方面的协调。

（四）机构及负责人的行政地位较高或不断提高

由于环境保护行政管理涉及面广、综合性强，发达国家环境保护行政管理机构及负责人的行政地位较高或不断提高。美国国家环境保护局成立于1970年，是联邦政府执行部门的独立机构，直接向总统负责，不附属于任何常设部门。日本环境厅于2001年1月升格为环境省，负责人是环境大臣。

（五）环境保护行政管理运行机制比较完备

发达国家已基本形成了比较完备的环境管理运行机制，有决策机制、执行机制、协调机制、经费保障机制、监督机制和法律保障机制等。其中，法律保障机制的完善尤其值得借鉴。具体表现在以下两方面：

一是制定新的环境法规的立法工作明显减少，在立法上主要是对已有的环境法规进行修改和补充。如日本于20世纪60年代至70年代就已经建立了比较完备的法律制度，并不断修正完善，建立了完备的环境立法体系。瑞典为解决法律和法令因不同的时期制定，对相同的问题在不同的法律条文中出现不同的解决办法的问题，新制定了《环境法典》，对以上情况进行协调。

二是大多数国家加强了对环境犯罪的刑事制裁。继20世纪70年代初奥地利率先修改1974年刑法，增设了公害罪之后，1981年，瑞典刑法增加了有关破坏环境罪的规定，对破坏环境罪规定了6个月到6年的有期徒刑。

三、中国环境管理体制的分析

（一）中国环境管理体制的发展历史回顾

中国环境管理体制的发展历史在前面第一章第一节已经有详细讲述，这里就不再重复了。

第一，起步阶段。1972年6月5日，中国派代表参加了在瑞典的斯德哥尔摩召开的第一次《人类环境会议》。在此会议的启发下，1973年8月中国成立了国务院环境保护领导小组及其办公室，并召开了第一次全国环境保护会议，在全国推动“三废”（废水、废气、废渣）的治理与公众的环境教育。1973年，国务院在《在关于保护和改善环境的若干规定》中提出了一个避免先污染后治理的原则，要求新建、改建、扩建项目的防治污染的措施必须同主体工程同时设计、同时施工、同时投产。在这一阶段，人们逐步认识到环境污染问题不再是单纯的“三废”问题，而是一个影响和制约经济、社会发展的大问题。

第二，立法阶段。在这一阶段，人们认识到解决环境问题仅仅依靠行政、教育手段是不行的，必须综合运用法律、经济等多种管理手段和措施，建立环境保护的法规、标准，走依法保护环境的道路。1979年，《中华人民共和国环境保护法（试行）》颁布实施，该法正式规定了在新建、改建、扩建工程时，必须提出环境影响报告书。该法还规定：“超过国家规定的标准排放污染物，要按照排放污染物的数量和浓度，根据规定收取排污费。”这从法律上确立了排污收费制度。同时，根据中国国情，坚持预防为主，避免走先污染后治理的道路，将“三同时”原则上升为一项环境管理制度。

第三，基本国策阶段。20世纪90年代，随着经济和社会的不断发展，中国经济发展和环境保护之间的矛盾日益突出。由于经济基础差，技术水平低，资源消耗量大，污染严重，生态基础薄弱，如果不把生态环境纳入经济发展之中统筹考虑，经济增长就难以持续，也难以为后代创造可持续发展的条件。在这种形势下，走可持续发展之路成为中国发展的自身需要和必然选择。由此，各地在总结自己环境管理经验的基础上，大胆借鉴吸收国外先进管理制度，结合可持续发展的战略思想，在新老八项制度以外，又推出了新的环境管理制度。

（二）中国环境管理体制的分析

现行《环境保护法》规定：“国务院环境保护行政主管部门，对全国环保工作实施统一监督管理。”“县级以上地方人民政府环保行政主管部门，对本辖区的环境保护工作实施统一监督管理。”“县级以上人民政府的土地、矿产、林业、农业、水利行政主管部门，依法规定对资源的保护实施监督管理。”依此可将中国环保监督管理体制概括为统一监督管理与分级、分部门监督管理相结合的体制[1]。

这一环境管理体制具有如下特点：

1. 统一监督管理与部门分工监督管理相结合且执法地位平等

统一监督管理是指政府设立一个相对独立、专门的行政部门对本辖区内的环境保护工作行使统一的监督管理权。这个统管部门包括国务院环境

[1] 陈书全：《环境行政管理体制研究——以中国环境行政管理体制改革为中心》，http：//d.wanfangdata.com.cn/Thesis_Y1338291.aspx.

保护行政主管部门和县级以上地方人民政府环境保护行政主管部门。部门分工监督则是指由有关部门依照法定的职责对与其相关的环境保护工作进行具体的监督管理。环境资源保护和环境资源监督管理的多样性，需要各级政府、各部门各司其职、相互配合、密切协作、共同进行环境资源监督管理。环境资源保护和环境资源监督管理的综合性，决定国家应该设立一个相对独立的行政部门负责综合、协调工作，对整个环境资源保护工作实施统一监督管理。

统管部门与分管部门之间不存在行政上的隶属关系，在行政执法上都是代表国家依法行使行政执法权，其法律地位是平等的，没有领导与被领导、监督与被监督的关系。它们都属于环境保护监督管理机构，在环境保护的目标和性质上是一致的，只是在环境保护监督管理的分工方面不同，或者说监督管理对象和范围存在差异。

2. 中央级的监督管理与地方分级监督管理相结合

中央级的监督管理，包括两层意思：一是指国务院和国务院主管部门的直接性宏观管理；二是有环境资源监督管理权的国务院各部门的间接性的宏观监督管理。地方分级监督管理，包括省（自治区、直辖市）级、市级、县级、乡级的监督管理，其中省级主要进行宏观环境资源监督管理，市级既有宏观监督管理又有微观监督管理，县乡级主要进行执行性的微观监督管理。

3. 三种管理模式并存

中国的环境管理模式是为了解决城市和工业的环境污染问题、维护生态环境质量而建立起来的政府主导型的环境管理模式[1]。具体包括三种类型：

（1）区域管理模式

中国环境管理体制在纵向实行分级管理，国家环保总局是国家环保行

[1] 胡双发：《政府环境管理模式的优长与存疑》，载《求索》2007年第4期。

政主管部门，各级人民政府设有相应的环保行政主管机构对所辖区域进行环境管理，这种管理在形式上就是区域管理模式。中国《环境保护法》中明确规定“地方各级人民政府，应当对本辖区的环境质量负责”。区域环境管理模式是环境管理模式中的主要模式，是其他环境管理模式的基础。

（2）行业环境管理模式

行业环境管理模式也称为“垂直管理”或“条条管理”，是一种跨越行政区域范围，以政府环保部门为管理主体，以特定的行业或部门环境问题作为管理对象，以解决行业或部门环境问题为管理内容的一种环境管理模式，是对区域环境管理模式的补充。在中国，这种环境管理模式还不够成熟，只是一种补充和辅助模式。

（3）区域环境管理与行业环境管理相结合的环境管理模式

这是以区域环境管理为主、区域环境管理与行业环境管理相结合的政府环境管理模式，也称为跨区域环境管理模式或流域环境管理，是一种综合性的环境管理模式，是为适应现代社会环境管理的客观需要而建立起来的一种新型环境管理模式。中国对一些大的水系、自然保护区设有专门行政管理机构，负环境保护之责，就属于这种跨区域管理模式。如长江流域、淮河流域、大的自然保护区等的环境管理。这种管理往往有跨行政区的管理机构负责组织、协调，如长江水利委员会负责长江流域水资源的管理。

第四节　中国重污染行业环境管理的现状和趋势

一、中国重污染行业环境管理的现状

中国的环境管理制度发展到现在，已经基本形成比较成熟的体系，尤其是在重污染行业这个环境污染的突出重点中。因而，以下将从现今的重

污染行业环境管理体系以及污染治理的技术现状来说明目前的重污染行业环境管理现状。

（一）重污染行业环境管理体系

重污染行业环境管理体系包括了重污染行业环境管理行政体系、法规体系以及经济政策体系三个方面，其中，重污染行业环境管理行政体系在前面的第一、二节中已经有详细描述，这里就不再重复。

1. 重污染行业环境管理法规体系

环境法律制度是调整特定环境社会关系的一系列环境法律规范所组成的相对完整的规则系统，是环境管理制度的法律法规。现行重污染行业环境管理法规体系是整个环境管理的法规体系的一部分，与之有着一致性。

（1）环境法体系的层次结构

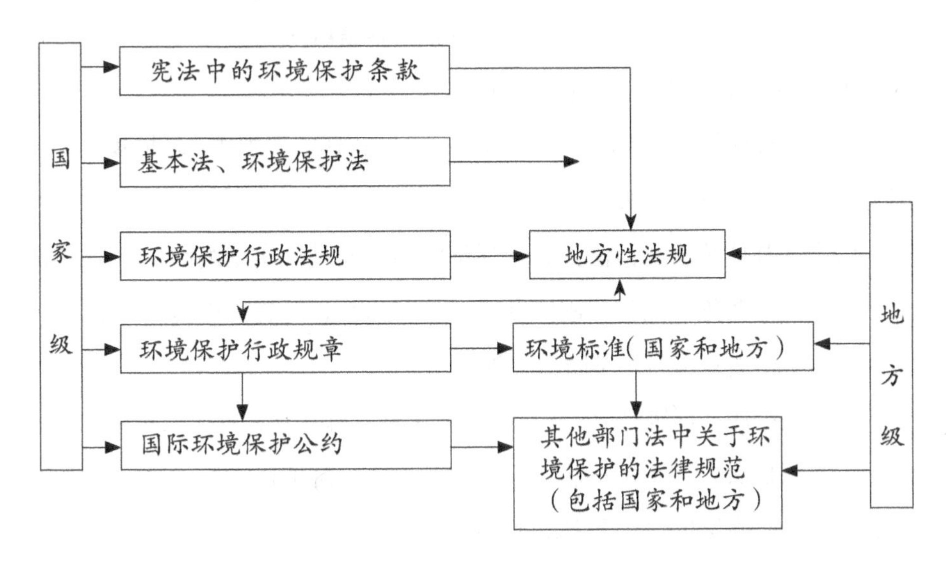

图 3-2 环境法体系的层次结构图

（2）环境法体系内容结构

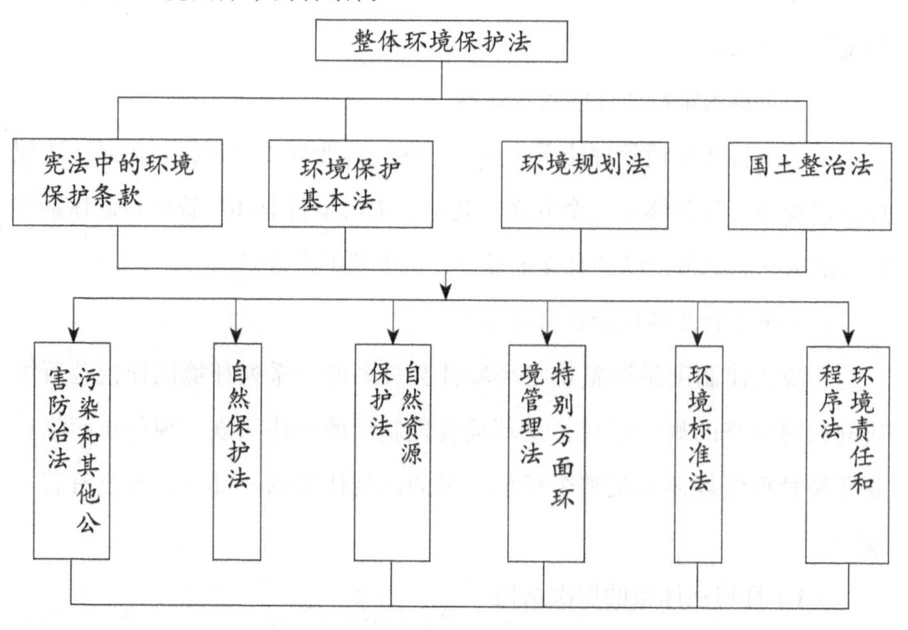

图 3–3　环境法体系内容结构图

① 现行的主要环境保护管理法律法规

整体环境保护法：宪法中的环境保护条款；环境保护法；环境规划法；国土整治法；城乡规划法。

污染和其他公害防治法：大气污染防治法及其《实施细则》；水污染防治法及其《实施细则》；固体废物污染防治法；环境噪声污染防治法；海洋污染防治法；辐射污染防治法等。

自然保护法：自然保护基本法；生物多样性保护法；野生动物保护法；野生植物保护法；水土保持法；荒漠化防治法；湿地保护法；风景名胜保护法；自然遗迹保护法；人文遗迹保护法；海岸带保护法；绿化法等。

自然资源保护法：土地资源保护法；水资源保护法；森林资源保护法；草原资源保护法；矿产资源保护法；水产资源保护法；

特别方面环境管理法：开发建设环境管理法；乡镇企业环境管理法；对外开放地区环境管理法；环境监测法；环境监理法；环境宣传教育法。

环境责任和程序法：环境行政处罚法；环境损害赔偿法；环境犯罪惩治法；环境税费承担法；环境行政执行程序法；环境纠纷处理法；环境诉讼程序法等。

其他相关法律法规还有环境标准法等。

2. 重污染行业环境经济政策体系

现行的重污染行业环境保护经济政策与整个环境保护经济政策有着一致性，主要包括收费政策、财税政策、信贷政策、投入政策。

（1）收费政策

① 收费政策的含义

收费政策是国家为了保护和改善环境、防治环境污染，依照一定的法规、标准对排污者和自然资源的开发（利用）者，征收一定数额的环境补偿费，达到减少或消除污染，保护和改善环境的目的。收费政策主要包括生态环境补偿费政策和排污费政策。

② 生态环境补偿费政策

生态环境补偿费是以从事对环境产生可能或可能产生不良影响的生产、经营、开发项目为对象，以生态环境整治和恢复为主要目标的一项经济政策。其主要目的是制止和约束损害生态环境的行为，促进生态环境保护和生态恢复建设。

征收的范围包括：矿产、土地、水、森林等自然资源开发活动；造成生态环境破坏的建设项目。

征收的办法有：按投资总额的一定比例一次性征收；按单位产品费用的一定比例征收；先预收抵押金，然后按生态破坏情况扣发补偿基金。

③ 排污费政策

国务院公布的《征收排污费暂行办法》明确规定：凡超过国家规定的标准排放污染物的企事业单位和个人，按照排放污染物的数量和浓度，依据收费标准交纳排污费。

收费范围包括：废水、废气、废渣、噪声、放射性等五大类。征收排污费是“污染者付费的原则”的具体体现，在促进企业实现环境效益、社会效益和经济效益“三统一”方面发挥积极作用。

排污费纳入财政预算，作为环境保护补助资金，由环保部门会同财政部门统筹安排使用。排污费主要用于补助重点排污单位的治理污染源及环境污染的综合治理措施。

（2）财税政策

充分利用财政、税收优惠政策保护环境是我国环境保护的一项重要经济手段。其主要目的是调整产业结构、减少环境污染、鼓励综合利用、提高经济效益、保护生态环境。

1994年3月，财政部、税务局《关于企业所得税若干优惠政策的通知》规定：企业利用“三废”为主要原料进行生产的，可在五年内减征或免征所得税。1995年财政部《关于充分发挥财政职能，进一步加强环境保护工作的通知》，鼓励企业对环境污染进行综合治理，对严重污染扰民企业可通过厂址有偿转让进行搬迁改造，其转让收入经所在地县以上人民政府同意，可专项用于搬迁改造。积极支持企业进行资源综合利用，对废旧物质加工、污水处理厂生产、污染治理工程和自然保护区建设等实行零税率。

（3）信贷政策

信贷政策既是国民经济宏观调控的一项重要手段，也是促进环境保护工作的一项关键措施。在社会主义市场经济条件下，国家越来越多地运用信贷政策作为环境保护参与经济发展综合平衡的重要手段。

中国人民银行《关于贯彻信贷政策与加强环境保护工作有关问题的通知》规定：把支持国民经济发展和环境资源的保护、改善生态环境结合起来，要把支持生态资源的保护和污染防治作为银行贷款的考虑因素之一。对未执行环境影响评价制度和“三同时”制度的项目，不予贷款、停止贷款或不提供流动资金贷款；对环保严格限制的行业，需经环保部门严格审查后，方可贷款；对有利于改善生态环境的产业或产品，如“三废”综合利用、城市化环境效应与环境保护业等项目，予以积极贷款支持；对重点环保项目予以贷款支持。国家支持利用外资银行的低息贷款，进行资源开发和生态环境保护。对改善城乡环境有关的基础设施建设项目予以贷款支持；对环境污染治理和生态恢复建设等项目，优先予以贷款；对环境保护产业和生态工程予以积极贷款支持。目前，我国主要是利用世界银行的贷款和亚洲开发银行的贷款。

（4）投入政策

环境保护必要的投入是控制环境污染和生态破坏，改善生态环境质量的重要保证。在社会主义市场经济条件下，制定和实行环境保护投入政策，就是要通过法律、财政、金融和行政手段聚敛环境保护资金，并优化配置和合理、高效使用环境保护资金。根据中央和地方事权划分，我国环保投入采取以地方和企业投入为主，中央政府给予必要扶持的政策。

环保公益性项目的建设资金，由各级政府统筹解决，设施运行费用由污染方承担；工业污染防治资金由企业自筹，并可申请环境治理基金贷款补助，新建、改建项目的污染防治资金，由投资者和企业按规定予以统筹安排；中央和地方政府要督促和帮助老工业城市和国有大中型企业逐步还清环保欠账；生态环境破坏的恢复费用，应由开发者承担。

目前，我国环境保护资金渠道主要有：一切新建、扩建和改建项目，必须把防治污染所需要的资金纳入固定资产投资计划，并享受税收优惠政策；各有关部门和企业掌握的更新改造资金中7%应用于污染治理；大中型城市的城市维护费，要用于结合基础设施建设进行的环境污染防治工程；环保部门的监测，科研及治理污染示范工程建设所需要的基建投资，分别纳入各级政府的环境保护投资计划；各级科委和财政部门应造当增加环境保护科研费和事业费。

（二）污染治理技术现状

目前中国的污染治理技术日趋成熟，形成一套比较完整的包含废水治理技术、大气污染治理技术、固体废弃物治理技术以及其他污染治理技术的污染治理技术。

1. 废水治理技术

（1）预处理

①技术概述

微电解技术是处理高浓度有机废水的一种理想工艺，该工艺用于高盐、难降解、高色度废水的处理不但能大幅度地降低 COD 和色度，还可大大提高废水的可生化性。

该技术是在不通电的情况下，利用微电解设备中填充的微电解填料产生“原电池”效应对废水进行处理。当通水后，在设备内会形成无数的电位差达 1.2V 的“原电池”。“原电池”以废水做电解质，通过放电形成电流对废水进行电解氧化和还原处理，以达到降解有机污染物的目的。在处理过程中产生的新生态 [OH]、[H]、[O]、Fe^{2+}、Fe^{3+} 等能与废水中的许多组分发生氧化还原反应，比如能破坏有色废水中的有色物质的发色基团或助色基团，甚至断链，达到降解脱色的作用；生成的 Fe^{2+} 进一步氧化成 Fe^{3+}，它们的水合物具有较强的吸附—絮凝活性，特别是在加碱调 pH 值后生成氢氧化亚铁和氢氧化铁胶体絮凝剂，它们的絮凝能力远远高于一般药剂水解得到的氢氧化铁胶体，能大量絮凝水体中分散的微小颗粒、金属粒子及有机大分子。其工作原理基于电化学、氧化—还原、物理以及絮凝沉淀的共同作用。该工艺具有适用范围广、处理效果好、成本低廉、处理时间短、操作维护方便、电力消耗低等优点，可广泛应用于工业废水的预处理和深度处理中。

②技术特点

a. 反应速率快，一般工业废水只需要半小时至数小时；

b. 作用有机污染物质范围广，如：含有偶氟、碳双键、硝基、卤代基结构的难除降解有机物质等都有很好的降解效果；

c. 工艺流程简单、使用寿命长、投资费用少、操作维护方便、运行成本低、处理效果稳定。处理过程中只消耗少量的微电解填料。填料只需定期添加无需更换，添加时直接投入即可。

d. 废水经微电解处理后会在水中形成原生态的亚铁或铁离子，具有比普通混凝剂更好的混凝作用，无需再加铁盐等混凝剂，COD 去除率高，并且不会对水造成二次污染；

e. 具有良好的混凝效果，色度、COD 去除率高，同量可在很大程度上提高废水的可生化性；

f. 该方法可以达到化学沉淀除磷的效果，还可以通过还原除重金属；

g. 对已建成未达标的高浓度有机废水处理工程，用该技术作为已建工程废水的预处理，即可确保废水处理后稳定达标排放。也可将生产废水中浓度较高的部分废水单独引出进行微电解处理。

h. 该技术各单元可作为单独处理方法使用，又可作为生物处理的前处理工艺，利于污泥的沉降和生物挂膜。

③ 适用废水种类

a. 染料、化工、制药废水；焦化、石油废水；上述废水处理水后的 BOD/COD 值大幅度提高。

b. 印染废水；皮革废水；造纸木材加工废水；对脱色有很好的应用，同时对 COD 与氨氮有效去除。

c. 电镀废水；印刷废水；采矿废水；其他含有重金属的废水；可以从上述废水中去除重金属。

d. 有机磷农业废水；有机氯农业废水；可大大提高上述废水的可生化性，且可除磷，除硫化物。

（2）新型填料

① 技术概述

它由多元金属合金融合催化剂并采用高温微孔活化技术生产而成，属新型投加式无板结微电解填料。作用于废水，可高效去除COD、降低色度、提高可生化性，处理效果稳定持久，同时可避免运行过程中的填料钝化、板结等现象。本填料是微电解反应持续作用的重要保证，为当前化工废水的处理带来了新的生机。

② 铁炭原电池反应

阳极：$Fe-2e \rightarrow Fe^{2+}$ E（Fe/Fe^{2+}）=0.44V

阴极：$2H^{+}+2e \rightarrow H2$ E（H+/ H2）=0.00V

当有氧存在时，阴极反应如下：

$O_2+4H^{+}+4e \rightarrow 2H_2O$E （O2）=1.23V

$O_2+2H_2O+4e \rightarrow 4OH-$E（$O2/OH^{-}$）=0.41V

（3）电镀废水

电镀和金属加工业废水中锌的主要来源是电镀或酸洗的拖带液。污染物经金属漂洗过程又转移到漂洗水中。酸洗工序包括将金属（锌或铜）先浸在强酸中以去除表面的氧化物，随后再浸入含强铬酸的光亮剂中进行增光处理。

该废水中含有大量的盐酸和锌、铜等重金属离子及有机光亮剂等，毒性较大，有些还含致癌、致畸、致突变的剧毒物质，对人类危害极大。因此，对电镀废水必须认真进行回收处理，做到消除或减少其对环境的污染。

电镀混合废水处理设备由调节池、加药箱、还原池、中和反应池、pH调节池、絮凝池、斜管沉淀池、厢式压滤机、清水池、气浮反应、活性炭过滤器等组成。

电镀废水处理采用铁屑内电解处理工艺，该技术主要是利用经过活化的工业废铁屑净化废水，当废水与填料接触时，发生电化学反应、化学反应和物理作用，包括催化、氧化、还原、置换、共沉、絮凝、吸附等综合作用，将废水中的各种金属离子去除，使废水得到净化。

（4）重金属

重金属废水主要来自矿山、冶炼、电解、电镀、农药、医药、油漆、颜料等企业排出的废水。如果不对重金属废水处理，就会严重污染环境。废水处理中重金属的种类、含量及存在形态随不同生产企业而异。除重金属在废水处理中显得很重要。

由于重金属不能分解破坏，而只能转移它们的存在位置和转变它们的物理和化学形态，达到除重金属的目的。例如，废水处理过程中，经化学沉淀处理后，废水中的重金属从溶解的离子形态转变成难溶性化合物而沉淀下来，从水中转移到污泥中；经离子交换处理后，废水中的重金属离子转移到离子交换树脂上，经再生后又从离子交换树脂上转移到再生废液中。

因此，废水处理除重金属原则是：除重金属原则一：最根本的是改革生产工艺，不用或少用毒性大的重金属；除重金属原则二：采用合理的工艺流程、科学的管理和操作，减少重金属用量和随废水流失量，尽量减少外排废水量。重金属废水处理应当在产生地点就地处理，不同其他废水混合，以免使处理复杂化。更不应当不经除重金属处理直接排入城市下水道，以免扩大重金属污染。

废水处理除重金属的方法，通常可分为两类：除重金属方法一：使废水中呈溶解状态的重金属转变成不溶的金属化合物或元素，经沉淀和上浮从废水中去除。可应用方法如中和沉淀法、硫化物沉淀法、上浮分离法、电解沉淀（或上浮）法、隔膜电解法等废水处理法；

除重金属方法二：是将废水中的重金属在不改变其化学形态的条件下进行浓缩和分离，可应用方法有反渗透法、电渗析法、蒸发法和离子交换法等。这些废水处理方法应根据废水水质、水量等情况单独或组合使用。

（5）陶瓷膜

陶瓷膜也称 GT 膜，是以无机陶瓷原料经特殊工艺制备而成的非对称膜，呈管状或多通道状。陶瓷膜管壁密布微孔，在压力作用下，原料液在膜管内或膜外侧流动，小分子物质（或液体）透过膜，大分子物质（或固体颗粒、液体液滴）被膜截留从而达到固液分离、浓缩和纯化之目的。

在膜科学技术领域开发应用较早的是有机膜，这种膜容易制备、容易成型、性能良好、价格便宜，已成为应用最广泛的微滤膜类型。但随着膜分离技术及其应用的发展，对膜的使用条件提出了越来越高的要求，需要研制开发出极端条件膜固液分离系统，和有机膜相比，无机陶瓷膜具有耐高温、化学稳定性好，能耐酸、耐碱、耐有机溶剂、机械强度高，可反向冲洗、抗微生物能力强、可清洗性强、孔径分布窄、渗透量大、膜通量高、分离性能好和使用寿命长等特点。

无机陶瓷膜在废水处理中应用最大的障碍主要有两个方面，其一是制造过程复杂，成本高，价格昂贵；其二是膜通量问题，只有克服膜污染并提高膜的过滤通量，才能真正推广应用到水处理的各个领域。

应用领域：中水回用；工业废水回用；工厂化养殖原水解毒处理；发电厂、化工厂等大型冷却循环水旁滤系统；油田采出水回用处理；轧钢乳化液废液处理；金属表面清洗液再生处理。

2. 大气污染治理技术

（1）颗粒污染物的治理技术

从废气中将颗粒物分离出来并加以捕集、回收的过程称为除尘。实现上述过程的设备称为除尘器。全面评价除尘装置的性能包括技术指标和经济指标两项内容。技术指标常以气体处理量、净化效率、压力损失等参数来标识，而经济指标则包括设备费、运行费、占地面积等内容。

除尘器的除尘效果和烟尘的浓度有关。根据含尘气体中含尘量的大小、烟尘浓度可表示为以下 2 种形式：一是烟尘的个数浓度，即单位气体体积中所含烟尘颗粒的个数，单位为个 /m^3，在粉尘浓度极低时用此单位；二是烟尘的质量浓度，即每单位标准体积含尘气体中悬浮的烟尘质量数，单位为 g/m^3。

在除尘过程中，除尘器的处理量标识的是除尘装置在单位时间内所能处理烟气量的大小，这是表明装置处理能力大小的参数，烟气量一般用标准状态下的体积流量标识，单位为 m^3/h、13"13/s。此外，除尘器的除尘效率是表示装置捕集粉尘效果的重要指标，也是选择、评价装置的最主要参数。在实际应用的除尘系统中，为了提高净化效率，往往把两种或多种不同规格或不同形式的除尘器串联使用，这种多级净化系统的总效率称为多级除尘效率。另外，除尘器的压力损失也是一个重要的指标，有时也称为压力降，它表示除尘装置消耗能量的大小，常用除尘装置进出口处气流的全压差来表示。

（2）气态污染物的治理技术

工农业生产、交通运输和人类生活活动中所排放的有害气态污染物质种类繁多，依据这些物质不同的化学性质和物理性质，需采用不同的技术方法进行治理。

① 吸收法

吸收法是采用适当的液体作为吸收剂，使含有有害物质的废气与吸收剂接触，废气中的有害物质被吸收于吸收剂中，使气体得到净化的方法。吸收过程中，依据吸收质与吸收剂是否发生化学反应，可将吸收分为物理吸收和化学吸收。在处理以气量大、有害组分浓度低为特点的各种废气时，化学吸收的效果要比单纯物理吸收好得多，因此在用吸收法治理气态污染物时，多采用化学吸收法进行。

吸收法具有设备简单、捕集效率高、应用范围广、一次性投资低等特点。但其吸收过程是将气体中的有害物质转移到了液体中，因此对吸收液必须进行处理，否则容易引起二次污染。此外，由于吸收温度越低吸收效果越好，因此在处理高温烟气时，必须对排气进行降温预处理。

② 吸附法

吸附法治理废气就是使废气与表面多孔性固体物质相接触，将废气中的有害组分吸附在固体表面上，使其与气体混合物分离，达到净化目的；具有吸附作用的固体物质称为吸附剂，被吸附的气体组分称为吸附质。当吸附进行到一定程度时，为了回收吸附质以及恢复吸附剂的吸附能力，需要采用一定的方法使吸附质从吸附剂上解脱下来，谓之吸附剂的再生。吸附法治理气态污染物应包括吸附及吸附剂再生的全过程。

吸附法的净化效率高，特别是对低浓度气体仍具有很强的净化能力。因此，吸附法特别适用于对排放标准要求严格或有害物浓度低，用其他方法达不到净化要求的气体净化。因此，常作为深度净化手段或联合应用几种净化方法时的最终控制手段。吸附效率高的吸附剂如活性炭、分子筛等，价格一般都比较昂贵，因此必须对失效吸附剂进行再生，重复使用吸附剂，以降低吸附的费用。常用的再生方法有升温脱附、减压脱附、吹扫脱附等。再生的操作比较麻烦，这一点限制了吸附法的应用。另外由于一级吸附剂的吸附容量有限，因此对高浓度废气的净化，不宜采用吸附法。

③ 催化法

催化法净化气态污染物是利用催化剂的催化作用将气态污染物转化为无害物或易于去除物质的一种方法。

催化法净化气态污染物效率较高，净化效率受废气中污染物浓度影响较小，而且在治理过程中，无须将污染物与主气流分离，可直接将主气流中的有害物转化为无害物，避免了二次污染。但所用催化剂价格较贵，操作上要求较高，废气中的有害物质很难作为有用物质进行回收等是该法存在的缺点。

④ 燃烧法

燃烧法是对含有可燃有害组分的混合气体进行氧化燃烧或高温分解，

从而使这些有害组分转化为无害物质的方法。燃烧法主要应用于碳氢化合物、CO、异味物质、沥青烟、黑烟等有害物质的净化处理。实用中的燃烧法有三种：直接燃烧、热力燃烧与催化燃烧。直接燃烧是把废气中的可燃有害组分当作燃料直接烧掉。热力燃烧是利用辅助燃料燃烧放 m 的热量将混合气体加热到要求的温度，使可燃有害物质进行高温分解变为无害物质。直接燃烧与热力燃烧的最终产物均为 CO：和 H：O。催化燃烧是在催化剂的作用下将混合气体加热到一定温度使可燃的有害物质转化为无害的物质。

燃烧法工艺比较简单，操作方便，可回收燃烧后的热量；但不能回收有用物质，并容易造成二次污染。具体来讲，直接燃烧是有火焰的燃烧，燃烧温度高（>1 100℃），一般的炉窑均可作为直接燃烧的设备，因此只适用于净化含可燃组分浓度高或有害组分燃烧时热值较高的废气。热力燃烧也为有火焰燃烧，燃烧温度较低（760 820℃），燃烧设备为热力燃烧炉，在一定条件下也可用一般锅炉进行，因此热力燃烧一般用于可燃有机物含量较低的废气或燃烧热值低的废气治理。催化燃烧只适用于某些特殊的场合。

⑤冷凝法

冷凝法是采用降低废气温度或提高废气压力的方法，使一些易于凝结的有害气体或蒸汽态的污染物冷凝成液体并从废气中分离出来的方法。

冷凝法只适用于处理高浓度的有机废气，常用作吸附、燃烧等方法净化高浓度废气的预处理方法，以减轻这些方法的负荷。冷凝法的设备简单，操作方便，并可以回收到纯度较高的产物，因此也成为气态污染物治理的主要方法之一。

（3）汽车排气的治理技术

汽车发动机排放的废气中含有CO、碳氢化合物、NO、醛、有机铅化合物、无机铅、苯并 [a] 芘等多种有害物质。控制汽车尾气中有害物质排放浓度的方法有两种：一种是改进发动机的燃烧方式，使污染物的产量减少，称为机内净化；另一种是利用装置在发动机外部的净化设备，对排出的废气进行净化治理，称为机外净化。从发展方向上说，机内净化是解决问题的根本途径，也是今后应重点研究的方向。机外净化采用的主要方法是催化净化法。

①一段净化法

一段净化法又称为催化燃烧法，即利用装在汽车排气管尾部的催化燃烧装置，将汽车发动机排出的CO和碳氢化合物，用空气中的OZ氧化成CO：和H：O，净化后的气体直接排入大气。显然，这种方法只能去除CO和碳氢化合物，对NO没有去除作用，但这种方法技术比较成熟，是目前我国应用的主要方法。

②二段净化法

二段净化法是利用两个催化反应器或在一个反应器中装入两段性能不同的催化剂，完成净化反应。由发动机排出的废气先通过第一段催化反应器（还原反应器），利用废气中的CO将N（1还原为Nz；从还原反应器排出的气体进入第二段反应器（氧化反应器），在引入空气的作用下，将CO和碳氢化合物氧化为CO：和H：O。这种先进行还原反应后进行氧化反应的二段反应法在实践中已得到了应用。但该法的缺点是燃料消耗增加，并可能对发动机的操作性能产生影响。

③三元净化法

三元净化法是利用能同时完成CO、碳氢化合物的氧化和N（1还原反应的催化剂，将3种有害物质一起净化的方法）的净化。采用这种方法可以节省燃料、减少催化反应器的数量，是比较理想的方法。但由于需对空燃比进行严格控制以及对催化性能的高要求，从技术上说还不十分成熟。

3. 固体废弃物治理技术

随着天然资源的短缺和固体废物的排放量激增，近几十年来，许多国家把固体废物作为“资源”，积极开展综合利用。根据我国国情，我国制定出近期以“无害化”“减量化”“资源化”作为控制固体废物污染的技术政策，固体废物“无害化”处理的基本任务是将固体废物通过工程处理，达到不损害人体健康、不污染周围的自然环境；固体废物“减量化”处理的基本任务是通过适宜的手段，减少和减小固体废物的数量和容积；固体废物“资源化”的基本任务是采取工艺措施从固体废物中回收有用的物质和能源。下面介绍的固体废物治理技术，均围绕实现上述“三化”为目的。

（1）物理法

① 压实技术

压实是利用外界压力作用于固体废物，使其体积减小，密度增大，以利于降低运输成本，延长填埋场寿命的预处理技术。

② 破碎技术

破碎是利用外力使大块固体废物分裂为小块，使容积减小，便于运输，也便于回收废物的有用成分等。

③ 填埋法

填埋法是指在预先进行地质和水文调查的基础上，选好干旱场地来掩埋有害废弃物。要做到安全填埋，必须保证不发生渗漏。

（2）热处理法

① 焚烧法

通过焚烧可以使可燃性固体废物氧化分解，达到减少容积，去除毒性，回收能量（焚烧产生的热能可以利用）的目的。对于有机和无机混合型固体废物，若有机物是有毒、有害物质，也最好用焚烧法处理，这样处理后还可以回收其中的无机物。

② 热解法

固体废物热解是利用其中有机物的热不稳定性，在无氧或缺氧条件下受热分解的过程。焚烧是放热的，而热解是吸热的。热解的产物有气态的氢、甲烷、一氧化碳，液态的甲醇、丙酮、醋酸、乙醛及焦油、溶剂油等有机物，还有固态的焦炭或炭黑。这些都是可以回收的有用物质。

（3）固化法

固化法是采用固化剂使有害废物形成基本不溶解的物质或将它们包封在惰性固化体中的处理技术。通过这种处理，有害废物的渗透性和浸出性都大大降低，利于进一步处置和运输，达到无害化的目的。最常用的方法是用水泥、塑料、水玻璃、沥青等做凝结剂和危险废物加以混合进行固化。

（4）化学法

化学法是利用有害固体废物的化学性质，通过化学反应将有害物质转化为无害产物的方法。最常用的是酸碱中和法、氧化还原法、化学沉淀法等。例如，氧化还原法常用于处理氰化物和铬酸盐有害物质，用强氧化剂与氰化物反应，用还原剂与铬酸盐反应，就可以分别消除氰化物和锯酚勘的毒幛。

（5）生物法

许多危险废物是可以通过生物（微生物）降解来解除毒性的，解除毒性后的废物可以被土壤和水体接受。利用微生物的分解作用处理固体废物的技术，应用最广的是堆肥化。堆肥化是指依靠自然界广泛分布的细菌、放线菌和真菌等微生物，人为地促进可以生物降解的有机物向稳定的腐殖质转化的生化过程，其产品被称为堆肥。堆肥外观呈黑色腐殖质状，结构稀疏，其中可被植物利用的养分含量增加，具有明显的改良土壤理化性质，提高土壤肥力的作用。

固体废物的防治处理，通常要经过预处理、资源化处理、最终处置等步骤。一些固体废物经过预处理和资源化处理，总还会有部分很难再加以利用的残渣存在，这些残渣往往又富集了大量有毒、有害成分。为了控制其对环境的污染，必须进行最终处理，如填埋法就是一种最终处理法。

4. 其他污染治理技术

（1）噪声的防治技术

第一，降低声源噪音，工业、交通运输业可以选用低噪音的生产设备和改进生产工艺，或者改变噪音源的运动方式（如用阻尼、隔振等措施降低固体发声体的振动）。

第二，在传音途径上降低噪音，控制噪音的传播，改变声源已经发出的噪音传播途径，如采用吸音、隔音、音屏障、隔振等措施，以及合理规划城市和建筑布局等。

第三，受音者或受音器官的噪音防护，在声源和传播途径上无法采取措施，或采取的声学措施仍不能达到预期效果时，就需要对受音者或受音器官采取防护措施，如长期职业性噪音暴露的工人可以戴耳塞 、耳罩或头盔等护耳器。

① 声在传播中的能量是随着距离的增加而衰减的，因此使噪声源远离需要安静的地方，可以达到降噪的目的。

② 声的辐射一般有指向性，处在与声源距离相同而方向不同的地方，接收到的声强度也就不同。不过多数声源以低频辐射噪声时，指向性很差；随着频率的增加，指向性就增强。因此，控制噪声的传播方向（包括改变声源的发射方向）是降低噪声尤其是高频噪声的有效措施。

③ 建立隔声屏障，或利用天然屏障（土坡、山丘），以及利用其他隔声材料和隔声结构来阻挡噪声的传播。

④ 应用吸声材料和吸声结构，将传播中的噪声声能转变为热能等。

⑤ 在城市建设中，采用合理的城市防噪声规划。此外，对于固体振动产生的噪声采取隔振措施，以减弱噪声的传播。

（2）电磁辐射污染控制技术

① 高频设备的电磁辐射防护

高频设备的电磁辐射防护的频率范围一般是指 0.1~300 MHz，如上所述，其防护技术有电磁屏蔽、接地技术及滤波等几种。由于感应电流是和频率成正比，低频时感应电流很小，所产生的磁感线不足以抵消外来电磁场的磁感线，因此电磁屏蔽只适用于高频设备。

② 广播、电视发射台的电磁辐射防护

广播、电视发射台的电磁辐射防护首先应该在项目建设前，以《电磁辐射防护规定》（GB8702–88）为标准，进行电磁辐射环境影响评价，实行预防性卫生监督，提出包括防护带要求等预防性防护措施。如果已经建成的发射台对周围区域造成较强场强，一般可考虑以下防护措施。

降低辐射强度：在条件许可的情况下，采取措施，减少对人群密集居住方位的辐射，降低辐射强度，如改变发射天线的结构和方向角。

加强绿化：在中波发射天线周围场强约为15 V/m，短波场强为6 V/m的范围设置一片绿化带，有助于减轻电磁辐射的影响。

调整住房用途：将中波发射天线周围场强大约为10 V/m、短波场源周围场强为4 V/m范围内的住房，改为非生活用房。

选用合适的建筑材料：利用建筑材料对电磁辐射的吸收或反射特性，在辐射频率较高的波段，可使用不同的建筑材料，如钢筋混凝土，甚至金属材料覆盖建筑物，以使室内场强衰减。

③ 微波设备的电磁辐射防护

为了防止和避免微波辐射对环境的“污染”而造成公害，影响人体健康，可采取相应的防护措施。微波辐射的安全防护原则为：减少辐射源的直接辐射，降低或杜绝微波泄漏，屏蔽辐射源及其附近的工作地点，加大工作点与辐射源的距离，采用个人防护用品及其他有效安全措施等。

减少辐射源的直接辐射或泄漏。根据微波传输原理，合理设计微波设备结构并采用适当的措施，完全可以将设备的泄漏水平控制在安全标准以下。在微波设备制成之后，应对泄漏进行必要的测定，达到安全标准的产品才能投放市场。通过严格维修制度和操作规程，合理使用微波设备以减少不必要的伤害。雷达等大功率发射设备调整和试验时，可利用等效天线或大功率吸收负载的方法将电磁能转化为热能散掉，从而减少微波天线的直接辐射。

屏蔽辐射源。将微波辐射限定在一定的空间范围内，可采用反射型和吸收型两种屏蔽方法。

a. 反射微波辐射的屏蔽：使用板状、片状和网状金属组成的屏蔽壁来反射、散射微波，可较大幅度地衰减微波辐射。板、片状的屏蔽壁比网状的屏蔽壁效果好，也有人用涂银尼龙布来屏蔽，效果亦不错。

b. 吸收微波辐射的屏蔽：微波辐射也常利用吸收材料进行微波吸收加以屏蔽。微波吸收材料是一种既可有效吸收微波频段电磁波又对微波段电磁波的反射、透射和散射都极小的电子材料。目前电磁辐射吸收材料可分为谐振型和匹配型两类。谐振型吸收材料是利用某些材料的谐振特性制成的，其特点是材料厚度小，对较窄频率范围内的微波辐射有较好的吸收效果；匹配型吸收材料则是通过某些材料和自由空间的阻抗匹配以吸收微波辐射能。

屏蔽辐射源附近的工作地点或加大工作点与场源的距离。微波辐射能量随距离加大而衰减，且波束方向狭窄，传播集中，遇到对场源无法进行屏蔽的情况时，就要采取对工作点进行屏蔽。也可通过加大微波场源与工作人员或生活区的距离，来达到保护人民群众身体健康的目的。

微波作业人员的个体防护。对于必须进入微波辐射强度超过照射卫生标准的微波环境操作的人员，可采取下列防护措施：

a. 穿微波防护服：根据屏蔽和吸收原理设计而成的三层金属膜布防护服，其内层是牢固棉布层，可防止微波从衣缝中泄漏照射人体；中间为涂有金属的反射层，可反射从空间射来的微波能量；外层用介电绝缘材料制成，用以介电绝缘和防蚀，并采用电密性拉锁，袖口、领口、裤角口处使用松紧扣结构。也有用直径很细的钢丝、铝丝、柞蚕丝、棉线等混织金属丝布制作的防护服。现在出现了使用经化学处理的银粒，渗入化纤布或棉布的渗金属布防护服，使用方便，防护效果较好，其缺点在于银来源困难且价格昂贵。

b.戴防护面具：面部的防护可采用佩戴防护面具的方法。面具可做成封闭型（罩上整个头部），或半边型（只罩头部的后面和面部）。

c.带防护眼镜：眼镜可用金属网或薄膜做成风镜式，较受欢迎的是金属膜防护镜。

④ 静电防治

频率为零时的电磁场即为静电场。静电场中没有辐射，然而高压静电放电也能引爆引燃易燃气体和易燃物品，对人体健康、电子仪器等产生重大危害。当静电积累到一定程度并引起放电，且能量超过物质的引燃点时，就会发生火灾。

防止和消除静电危害，控制和减少静电灾害的发生主要从三个方面入手：第一是尽量减少静电的产生；第二是在静电产生不可避免的情况下，采取加速释放静电的措施，以减少静电的积累；第三是当静电的产生、积累都无法避免时，要积极采取防止放电着火的措施。

a.防止或减少静电的产生

选材时尽量考虑采用物性类同或导电性能相近的材料，尽量采用导体材料，不用或少用高绝缘材料；

改善装卸和运输方式，尽量减少摩擦和碰撞；

防止和减少不同物质的混合和杂质的混入；

控制速度（传动速度、流动速度、气体输送速度、排放速度等）；

增大接触面的平滑度，减小摩擦力。

b.各种油料的防静电措施

液体易燃物质在流量大、流速高的情况下，可使油面静电电位很快上升，达到引燃点而引起着火，因此，要控制输送流量、速度；

采用合适的进油方式，尽量避免上部喷注，宜采用底部进油；

防止混入其他油料、水以及杂质，确保油料清洁；

油料搅拌时要均匀；

改善过滤条件，过滤器材料的选用、孔径安装部位都要符合规定，控制流过过滤器的速度和压力；

放料时避免泄喷，在需要放出油料时，开口部要大些，喷出压力应在 10 kg/cm^2 以下；

严格执行清洗规程。

c. 加速静电释放

加速静电荷的释放：可采用良好的接地措施，改善材料的导电性等方法，如使用防静电添加剂，涂刷或者镀上防静电层，增加环境的相对湿度等；

中和消除静电：静电荷积累到一定程度后，消除静电可采用中和的办法。中和是指用极性相反的电荷去抵消积累的电荷，如采用不同极性的缓冲器。消除静电是用人为的方法产生相反极性的电荷来消除原来积累的电荷，可采用自感应式静电消除器、外加电源式静电消除器以及同位素静电消除器等。

d. 防止放电着火

安装放电器：在设备的合适位置上预先设置放电器，以便于释放积累的静电，如飞机的机翼后沿设有多组的放电器，以避免过载放电着火；

屏蔽带电体：采用隔离的办法来限制带电体对周围物体产生电气作用及放电现象；

加强静电的测量和报警：安装静电的测量和报警系统，及早发现危险，及时采取有效措施，防止静电着火发生；

防止或减少可燃性混合物的形成：控制可燃物的浓度，从而降低着火的概率。

（3）热污染及其防治

① 废热的综合利用

充分利用工业的余热是减少热污染的最主要措施。生产过程中产生的余热种类繁多，有高温烟气余热、高温产品余热、冷却介质余热和废气废水余热等。这些余热都是可以利用的二次能源。我国每年可利用的工业余热相当于5000万吨标煤的发热量。在冶金、发电、化工、热污染、建材等行业，通过热交换器利用余热来预热空气、原燃料、干燥产品、生产蒸气、供应热水等。此外还可以调节水田水温，调节港口水温以防止冻结。

对于冷却介质余热的利用方面主要是电厂和水泥厂等冷却水的循环使用，改进冷却方式，减少冷却水排放。

对于压力高、温度高的废气，要通过汽轮机等动力机械直接将热能转为机械能。

②加强隔热保温

在工业生产中，有些窑体要加强保温、隔热措施，以降低热损失，如水泥窑筒体用硅酸铝毡、珍珠岩等高效保温材料，既减少热散失，又降低水泥熟料热耗。

③寻找新能源

利用水能、风能、地热能、潮汐能和太阳能等新能源，既解决了污染物，又是防止和减少热污染的重要途径。特别是太阳能的利用上，各国都投入大量人力和财力进行研究，取得了一定的效果。

二、中国重污染行业环境管理存在的问题

从20世纪70年代开始重污染行业环境保护管理工作至今，由无到有，由不严格到逐渐严格，由以命令控制制度为主到以法律、行政、经济手段并用，已经基本形成了以环境法治制度、环境管控制度、环境经济制度等为主体的制度体系。这些制度以《环境保护法》《水污染防治法》《大气污染防治法》为基础，以环境影响评价、“三同时”、排污收费、环境保护目标责任制、城市环境综合整治定量考核、排污许可证、污染集中控制和污染源限期治理等8项基本制度为框架，近年来又创新、拓展和实施了企业清洁生产审计、环境信息公开、淘汰落后产能、区域限批、总量控制和减排目标责任制等制度。

在上述制度中，一些制度在重污染行业的实施取得了很好的效果，对于控制环境污染、改善生态环境起到了重要作用。然而，在一些制度领域仍然存在缺位的情况，部分制度的实施和执行不到位；还有一些制度设计不够严格，难以适应当前和未来环境管理的需求。

（一）生态环境破坏违法成本低

由环境立法、司法和执法体系构成的环境法治制度不能完全适应当前重污染行业环境保护新形势需求和生态文明建设目标要求，生态环境破坏者违法成本低的问题没有得到有效解决。

重污染行业环境立法仍然存在缺位，现行环境法律处罚力度偏轻，违法成本低的问题长期没有得到解决。生态环境保护的体制、职能和部分管理制度在环境法律中并没有得到明确和细化，重污染行业中一些重要的生态环保领域，如土壤环境保护等方面的立法缺失。在《环境保护法》新修定之前，行政处罚普遍偏轻等。例如，《环境影响评价法》规定，违反环评规定擅自开工建设的，只能给予20万元以下的罚款，由于处罚太轻，一些企业为了抢进度，采取边开工建设边做环评报告；一些企业先上车后补票、先建设后环评；甚至一些企业以交罚款代替环评。

运用司法手段解决环境问题的制度尚未建立，重污染行业环境民事赔偿法律制度不健全，司法诉讼渠道不畅，生态环境损害难获赔偿。目前，中国重污染行业环境民事赔偿相关法律及配套制度仍不健全，环境民事案件立案难、举证难、判决难、执行难、审判难的问题突出，重大环境事件中的责任追究多以行政处罚和行政调解结案。司法诉讼渠道不畅，公众往往选择信访或举报投诉等行政途径而不是司法途径寻求解决环境纠纷。据统计，中国通过司法诉讼渠道解决的环境纠纷不足1%，2003 – 2008年，全国各级法院审结环境资源案件中民事案件12 278件，仅占同期审结民事案件总数的0.04%。

基层行政执行缺乏强制手段，现行重污染行业法律规定执行不到位，缺乏有效性。现行法律规定授权环保部门的行政强制措施主要有“停止建设”“停止生产使用”“责令限期恢复使用治污设施”“责令停业关闭”等，在基层难以有效执行。相关立法中明确的执法主体不集中、过于分散，对企业、地方政府的约束力、威慑力还不够强，基层环保部门缺少必要的行政强制权，以罚代管过多。

（二）环境管控制度执行效率不高且效果不佳

部分环境管控制度执行效率不高、效果不佳的问题依然存在，针对党政决策者的制度尚未建立，一些制度亟须调整。

针对党政决策者的制度不健全，当前的重污染行业环境保护管理制度并没有解决指挥棒问题。唯GDP的政绩考核机制还普遍存在，资源消耗、环境损害和生态效应尚未纳入经济社会发展评价体系和各级党委、政府的绩效考核体系，科学的绿色发展绩效评估机制和环境保护责任追究制度并未形成。这导致不少地方政府缺乏足够的生态责任感，环境准入标准形同虚设、环境不作为和行政干预环境执法等现象长期存在。

促进政府与市场、社会良好分工的体制机制存在缺位，政府、市场和公众的关系有待厘清。总体上，环境保护领域利用市场手段不足，能够体现生态服务和自然资源价值的市场机制和制度尚待构建，资源低价、环境廉价甚至无价的状况始终没有得到根本改变。这导致企业利用资源的成本和造成的环境污染成本被“社会化”或“外部化”，鼓励了粗放型的生产消费方式，企业缺乏珍惜环境和节约资源的内在压力和动力。此外，公民环境权利尚未在法律中得到充分体现和确认，公民环境权益缺乏有效的制度保障。政府、企业与社会公众的有效沟通和协商机制仍未形成，公众和舆论参与环境保护监督的制度有待加强。

部分现行制度设计不合理、执行不到位，难以适应当前重污染行业环境管理和监管的需求，亟须围绕环境管理转型进行调整。排污收费标准过低且未能体现区域差异，排污许可证制度长期未得到有效实施，部分污染物排放标准时效性不足、缺少环境质量和公众健康指标、行业和区域污染物排放标准较少，项目环评和“三同时”制度存在着未批先建和越权审批等现象。执法成本高、违法成本低，监管监督机制不完善等问题在很多制度的实施中仍普遍存在。

（三）环境经济制度未能充分发挥作用

环境经济制度的探索刚刚起步，在基层执行和重污染行业实施中存在诸多问题，能够充分发挥市场在重污染行业环境管理领域资源配置中决定性作用的制度亟待建立。

有利于重污染行业环境保护管理的环境财税金融体系尚未建立。目前尚未真正形成面向绿色发展和生态文明建设的“绿色化”和“生态化”的财政、税收和金融体系，重污染行业环境公共和市场化投融资规模小、效率低、效果不显著；缺乏直接针对污染排放和生态破坏行为征收的独立环境税；绿色信贷、环境污染责任保险、绿色证券等环境经济政策有效实施缺乏根本推动力；尚未建立起完善的排污权有偿使用和交易政策体系等。

重污染行业环境损害成本的合理负担机制尚未形成。重污染行业环境损害成本的合理负担机制主要有环境资源产品定价机制、收费机制和税收机制等。建立这些机制有利于环境损害成本内化为市场主体的生产成本，从根本上解决“资源低价、环境无价”导致的资源配置不合理问题。

现有重污染行业与环境管理制度政策之间协调不够、配套措施不足、技术保障不力。排污权有偿使用与环境税费之间需要进一步协调，重污染行业环境污染风险评估和污染损害评估技术规范尚不完善，缺乏明确、具体的法律法规依据，使得这些制度政策在试点后的全面推行将面临着法律障碍等。

1. 政府环境管理

（1）行业审批准入制度存在的问题分析

① 审批不规范

规范化的审批一般应符合三个要求：一是要有政策、法规依据；二是要有审批条件和审批程序保障；三是审批要公开化，受到法律和公众的监督与制约。但现在我国重污染行业审批缺乏政策和法规依据，不是依法审批、按章审批；审批的内容、条件、程序不明确，许多审批只规定了一些原则性条件，这种审批条件的模糊性，使审批人员的自由裁量权和随意性过大，容易形成不正当、不公正的审批；审批缺乏公开性，致使许多审批带有很大的不透明性和盲目性，容易滋生腐败，在实施过程中“越权审批”“降低环评文件等级”“拆分项目进行环评”等行为屡见不鲜。

② 审批部门存在重审批、轻监管的现象

轻监管主要表现在两个方面：一是重审批权力，轻审批责任和审批义务。对审批行为缺乏严格的监督和有效的约束，一旦出现违法审批、违纪审批、该批不批等情况，不易或无法追究审批部门和审批人员的责任。二是重审批环节，轻市场监管。对审批之后的执行情况缺乏必要的后续监管，往往是一批了事，甚至把审批当作谋取部门利益的手段，只管在审批中收费，不管实际经营活动是否合法。只要经过政府审批，有合法的经营证照或向政府主管部门交纳了各种税费，其非法行为就合法化了，这种误导性宣传产生了非常恶劣的社会影响。

（2）污染物排放管理制度存在问题分析

① 缺少法律依据

同其他几项管理制度一样，该项措施缺少法律依据，不具有法律的强制性。污染物排放管理制度就其功能来说，是现行各项环境管理制度的配套措施，或者说是环境综合整治的一条技术经济路线，目前还不具有法律上的强制性，对重污染行业的环境保护管理起不到强制性的管理作用。

② 总体效应不显著

虽然污染物排放管理措施有很好的综合效益，但在很大程度上就总体效益而言，对于处理重污染行业企业的设施经营者本身并不一定有显著效益，虽然这些排污单位对设施提供一定比例和按排污量公平负担经营运转费用，但也不可避免出现亏损。因此，须在政策上做必要的倾斜，以利设施正常运行。

③ 投入成本大

重污染行业企业的污染物排放预防控制项目资金一次性投入较多，资金问题是解决制约该项措施的一个关键问题。根据各地实践，筹措重污染行业企业的污染物排放预防控制项目资金应当采取多渠道、多途径。一般资金主渠道为城市建设费，由受益单位公平负担，其次，争取一定财政拨款和排污费补助资金、银行贷款和国际赠款。根据资金筹集情况量力而行，组建适度规模的控制设施，否则，在资金未落实前就仓促上马，可能造成欲上无资，欲下不能的局面，并给正常运行带来困难。

④ 部门交叉，分工尚不够明确

污染物排放管理制度是一项系统工程，与众部门和单位有关联，分工须明确。项目建成前的组织领导，设计施工管理，应在地方政策统一领导下，由归口部门牵头、各有关部门参加的临时管理机构负责组织、协调和施工等方面事宜。建成后营运管理必须明确由专业归口部门负责。

（3）信息公开及监督机制存在问题分析

环境信息公开即每个公民对行政机关所持有的环境信息拥有适当的获得利用的权利。狭义的环境信息公开仅指政府的环境信息公开，而广义的环境信息公开还包括企业的环境信息公开，是指依据和尊重公众知情权，政府和企业以及其他社会行为主体向公众通报和公开各自的环境行为以利于公众参与和监督。我国的环境信息公开包括政府环境信息公开和企业环境信息公开两部分。环境信息公开有利于公民获取环境信息，是环境法的基本原则之一，也是公众参与原则的一个重要组成部分，因此建立环境信息公开及监督机制就显得至关重要。

我国目前重污染行业的环境信息公开及监督机制还不健全。在具体操作中，对国家秘密、商业秘密的保护往往成为环保部门和企业不公开环境信息的借口；环境信息的公开不够及时；环境信息公开没有常态化，不能使环境信息公开常态化，就不可能形成运行有效的环境信息公开制度；监督机制不健全，《环境信息公开办法》第四章专门规定了环境信息公开的监督机制和责任承担机制。笔者认为，该章规定的监督机制不够健全。根据该办法，环境信息公开的监督机构和责任承担机构都是环保部门，不利于监督的有效进行。由于我国行政机构的设置以及行政人员紧密的上下级联系，上级环保机构不仅很难切实起到对下级环保部门的监督作用以及使其承担责任，甚至存在上级环保机构对下级环保机构的包庇和纵容。另外，我国环保机构隶属于各级人民政府的体制安排也很难达到监督有效实现的效果。

（四）企业环境管理

在环境问题日益受到全球关注的背景下，重污染企业作为主要污染主体，其环境管理逐渐受到社会的关注。有学者指出，重污染企业环境管理是指重污染企业把对环境的关注结合到企业管理活动中，把因环境问题造成的风险成本降到最低限度，使环境管理成为企业战略管理的一部分而采取的一系列行为措施，并且在实践中取得了一定的成绩。然而，仍然存在许多不足。

1. 机构、人员配备不足

大部分煤炭企业至今仍没有制定生态环境治理和恢复的整体规划和标准，虽然普遍设有环保部或环境管理机构，但多数只是企业机构设置中的附属部门，环境管理的职能很弱甚至只是表面现象，一种形式；环境管理机构人员的配备也不齐全，专职环境管理工作人员很少，基本是其他部门的人兼职。这就导致环境管理实践工作难以展开。

2. 书面政策不合理

虽然几乎所有重污染企业都制定了环境目标、环境策略书等书面政策，但多数环境目标、策略服从于经济发展目标的需要，具体管理内容也没有以环保为目标，纯粹是为了达到法律法规要求，减少罚款，应付各级环保部门的检查，没有以长久可持续发展为目标对企业环境管理进行指导。

3. 培训不足导致环境管理实践工作难以展开

近年来，员工培训在各个公司都会定期展开，然而，却很少有专门针对环境管理的员工培训，这样就导致企业不能及时掌握环境保护新动态，另外，也有的企业员工对环境污染应急事件处理的相关措施不能熟练掌握，对本岗位的环保职责范围不够明确，对相关环保法律法规和制度也不够了解。

4. 环境审计工作不到位

我国大部分重污染企业并没有完善的内部环境审计机构，实施环境管理审计工作的相关依据也存在着很大的缺失。这主要体现在以下几个方面：环境管理实践的资金运用界限不明，不能做到专款专用；重污染企业制定的各项环境会计政策和财务处理，以及相应的环境规范不健全；重污染企业环境管理实践工作的效果不易界定，特别是一些非货币计量的事项，其成功和损失光从会计信息中无从披露，导致重污染企业不能客观地取得审计依据对照一定标准做出结论，使得审计工作不宜展开。

5. 企业信息公开不到位

企业一般会在年报时顺便披露环境信息，这就导致环境信息一般是历史信息，其内容绝大多数是过去发生的事项，对公众、政府监管机构及时地知情帮助很小。同时，因为企业披露的环境信息语言晦涩，很难让公众理解。而一些企业正利用公众的非专业，故意用含混不清的语言来披露对其不利的环境信息，这样可以既完成了披露的任务，又把公众蒙在鼓里。应该规定环境信息披露的内容要简单易懂，既有客观数据，又有主观推论；定性分析为主，定量分析为辅的方式，向社会公众呈现出有理有据的简单易懂的环境信息报告。

（五）公众参与管理

公众参与管理制度是指公众依据有关的法律法规或规章的规定，平等地参与与其环境利益相关的一切活动。这里的公众应当包括公民、法人和其他团体组织，参与范围包括环境立法、环境决策、环境监督、环境救济等不同阶段的环境法律实施活动。其功能为弥补政府在环境管理制度上的不足，有效促进环境保护，让公众在环境管理过程中的各种不同诉求都得到表达，平衡各方面利益后选择最优的环境管理模式、措施，减少因环境管理而引发的社会矛盾，最大限度地保护公共利益。该制度的对象为与公众环境利益相关的一切活动，包括环境立法、环境决策、环境监督、环境救济等不同阶段的环境法律实施活动。实施主体为公众，监督主体为与公众环境利益相关的一切活动。

"我国《环境保护法》规定，一切单位和个人都有保护环境的义务，并有权对污染和破坏环境的单位和个人进行检举和控告。以权利和义务的方式确立了公众参与环境保护的法律地位，并为公众的环境知情权提供了渠道"。在我国环境法中，公众参与原则主要包括三个方面的内容：第一，信息知情权。2007 年 4 月 11 日颁布、2008 年 5 月 1 日实施的《环境信息公开办法（试行）》是我国真正意义上第一部完整的有关环境信息公开的部门规章，是我国环境信息公开法律制度的一个标志。此外，《放射性污染防治法》第 5 条，《清洁生产促进法》第 10 条、第 17 条对于环境信息公开也有明确规定。第二是环境监督权。如《环境保护法》第 6 条、《固体废物污染环境防治法》第 9 条、《水污染防治法》第 5 条、《环境噪声污染防治法》第 7 条等都规定，任何单位和个人都有权对造成环境污染的单位和个人进行检举控告。第三，对可能涉及公众环境利益的专项规划草案、报告，发表环境评价的意见。《环境影响评价法》第 11 条、第 21 条和《环境噪声污染防治法》第 13 条等对此都有规定。这些都表明国家越来越重视公众参与管理制度。

不容忽视的是，我国目前的法律法规虽然对公众参与管理有一定的规定，但还存在一些问题，主要表现为：

1. 立法不完善

我国目前关于公众参与的立法规定太分散不集中，难以执行，且容易出现各法条间的冲突，另外政策性文件中的规定在公众中缺乏法律权威性，不易实施。

2. 缺乏环境权立法

环境权作为环境法中一种新的正在发展中的基本法律权利，既是环境法的一个核心问题，也是环境立法、执法和诉讼的基础，我国并没有以立法方式明确规定环境权，是我国环境法上的一个漏洞。

3. 缺乏可操作性

如我国《水污染防治法》第 13 条规定："环境影响报告中，应当有该建设项目的所在地单位和居民的意见。" 但并没有规定相应的参与途径、程序，没有明确公众的权利、义务，使公众无法参与。

4. 公众权利得不到充分发挥

在国外并不存在这样的问题，如美国的《国家环境政策法》规定，任何机关只要它的行为属于对人类环境有重大影响的联邦行为，公众就可以参与到其中去，对其进行评价和监督。而在我国《环境影响评价法》中规定了公众只能参与建设项目和规划，忽视了国家政策、战略方案等方面，而恰恰是在这些环境法律实施阶段公众参与才显得尤为重要。

5. 缺乏环境公益诉讼机制

许多国家为保护公众利益而规定了公益诉讼制度，如美国的环境法中就规定了"公益诉讼"条款，公民可以依法对违法排污者或者未履行法定义务的联邦环保局提起诉讼。日本的《环境基本法》也确立了环境公益诉讼制度。而我国法律中几乎没有关于此的规定。

因此，确立公众管理参与制度是大势所趋，是环境保护的必然要求，我国应立足于本国国情，借鉴国外及国际的成功经验，完善我国的公众参与制度。

三、中国重污染行业环境管理的趋势

中国重污染行业环境管理的总趋势就是要建立最严格的环境保护管理制度，这就必须注重长远，坚持整体、系统和全面改造当前制度体系的长期方向。要使环境法治成为统领和指导环境保护全局的根本性制度和最高意志；要按照环境质量改善和环境健康风险防控的管理导向，围绕为社会公众提供优良环境公共产品、实现环境管理战略转型的管理目标，依据源头严防、过程严管、后果严惩的管理思路，设计、调整和改进环境管控制度；要建立能够在生态环境保护资源配置中发挥决定性作用的市场和价格制度，使环境资源成本得到充分体现，生态破坏和环境污染导致的负面外部环境成本得到赔偿，生态环境保护产生的正面外部环境成本得到补偿，促进经济活动朝着资源节约和环境友好的方向调整和改进。

具体来讲，重污染行业环境管理的趋势就是完善环境保护管理制度，以制定最严格的环境保护管理制度，也就是做好以下几方面工作：

第一，建立最严格的源头严防制度。建立符合生态文明建设要求的环境保护目标体系、统计体系与核算制度。围绕生态保护红线，建立严格的环境准入制度，强化污染企业停产治理、淘汰和退出。改革和完善环境影响评价制度，将环境质量改善和环境风险可接受水平作为环境影响评价的基本准则，以是否能促进环境质量改善为评估标准，开展战略、规划、政策和项目环评。建立重大项目（政策）社会风险评估制度，健全社会风险民意沟通和利益诉求机制，强化社会风险化解工作机制。

第二，建立最严格的过程严管制度。建立能够充分体现地方政府环境保护工作实绩的领导干部政绩评价考核制度。建立统一公平、覆盖主要污染物的排放许可制度。探索深化以环境容量为基础、以环境质量为导向的总量控制制度。建立最严格的环境排放标准体系，充分发挥环境标准的引领和导向性作用。建立严格监管所有污染物排放的环境监管和行政执法制度，探索环保部门和公安部门联合执法的联动机制，推动建立从中央到地方的环保警察队伍。

第三，建立最严格的后果严惩制度。推行党政领导干部生态环境审计和终身责任追究制度，对不顾生态环境盲目决策、造成生态环境损害严重后果的官员，实施终身责任追究，包括政治责任和法律责任的追究。建立生态环境损害赔偿和刑事责任追究制。强化生态环境损害赔偿和责任追究，建立环境损害鉴定评估机制，健全环境公益诉讼制度，完善环境审判体制机制，探索建立环境污染损害赔偿基金制度。

第四，建立最有效的经济调节制度。建立绿色财税金融制度体系，如建立绿色公共财政体系，推进环境税改革，制定基于环境成本考虑的资源性产品定价政策，完善和深化绿色信贷、环境污染责任保险、绿色贸易政策体系等。推动实施排污权有偿使用与交易制度，建立基于总量控制、排污许可和有偿使用的排污权交易制度，加大排污权交易的组织机构和监管能力建设。建立平衡生态产品生产者与受益者利益关系的生态补偿制度，建立通过财政转移支付向生产者购买生态产品的生态补偿制度，保证环境权益在不同区域、群体、保护者和受益者之间的公平分配，调节生态产品生产者与受益者之间的利益关系。

第五，完善公众参与制度。健全环境保护的公众参与制度，推动环境公共治理体系和治理能力现代化。在法律法规中明确公民环境权利，完善保障公众参与、引导和监督的信息公开、立法听证等制度。明确政府、企业和公众等在环境保护中的主体责任，通过建立政府、企业、公众定期沟通、平等对话、协商解决机制，引导公众参与环境保护制度执行的评估和考核。完善环境新闻宣传机制，引导新闻媒体，加强舆论监督。推动社区环境圆桌会议制度。科学引导民间环保公益组织发展，搭建公众和政府良性互动平台。

第六，改革生态环境保护管理体制。在中央层面，划清资源、生态和环境3个领域的关系，将资源领域包括其所有、使用和监管作为独立序列，将生态保护和建设如林业建设等作为独立序列，将生态和环境监管整合作为独立序列，监管所有污染物排放、监管生态保护与建设的结果、监管资源开发和利用中的环境影响。在中央和地方分工层面，明确事权和财权的分配，中央职能部门负责制定相关制度、政策和标准，督查地方政府的执行，督查地方政府所负责的生态环境质量，协调跨区域流域关系等，地方政府负责具体执行，负责生态环境质量改善和环境风险控制。在环境保护系统内部，按照生态环境要素设置内设管理机构，按照国家监察、地方监管、单位负责的监管体系，建立独立而统一的环境监管体制，排除地方政府对环境监管和执法的不适当干预。

第五节 重污染行业最严格环境管理制度制定的紧迫性

中国正处于社会转型和体制转轨的双重历史进程中，中国环境管理体制改革正处于攻坚阶段，社会主义市场经济体制建设已进入全面完善的“总体组装”时期，必须适应经济社会发展和改革形势的新特点、新任务的需要，着力推进环境管理体制改革。目前，中国重污染行业的污染问题突出，而重污染行业占国家经济收入比重较大，而重污染行业环境管理制度虽然基本成熟，却依然存在着一些缺陷，对目前的日益严重的环境污染治理显得不足，所以想要全力发展社会，实现可持续发展的稳定社会目标，重污染行业最严格环境管理制度的制定的紧迫性就显示出来了。

一、重污染行业占经济及污染比重大

当前中国重污染行业的内部结构出现异常，重污染行业比重持续上升。其中，到2006年，重工业比重已达到74.4%，远远超过了改革开放初期的1978年的水平。当时中国重工业比重为56.9%，已经公认是导致国民经济

陷入危机的主要原因之一。重工业是资源、能源高密集部门，重工业比重的奇高必然增加对资源、能源，尤其是金属性资源的消耗。在重工业内部，采掘业、原材料工业的比重大幅度上升。采掘业与原材料工业产值占全部工业总产值的比重，1980年为25.8%，1995年达到26.9%，2000年上升到30.6%，2005、2006两年都超过了40%，分别为42.9%和41.0%，这更是一个含义非常严重的比例关系。采掘和原材料工业是能源高度密集的工业，采掘、原材料工业比重的上升会拉动能源消耗的大幅度增加。

据2000年经济普查的数据计算，当年采掘工业和原材料工业产值比重占全部工业的40.0%，而这两个部门所消耗的能源量占到工业总消耗的78.7%。

目前，中国重污染行业企业除一部分企业技术达到世界先进水平外，总体上说，技术起点很低，导致了能源和原材料的过量消耗，产量成本高，经济效益差，环境污染重。特别是钢铁、电解铝、水泥行业过度投资和低水平扩张现象严重。火力发电，每年多耗5000万吨标准煤，相应多生产140万吨二氧化硫、1500万吨烟尘；钢铁生产每年多耗煤6000多万吨，相应多生产90多万吨二氧化硫和60多万吨烟尘。重污染行业企业用水，日生产1吨钢耗水是国际先进水平的10~40倍，开采1吨原油耗水是国际先进水平的6 ~ 26倍。2005年与2000年相比，中国二氧化硫排放量增长了28%，烟尘排放量增长了2%，工业粉尘排放量也增长了28%。重污染行业企业中的火力发电、非金属冶炼和黑色金属冶炼及压缩加工业是主要污染物的重要排放来源。

二、重污染行业对环境污染严重

伴随着中国重污染行业扩张达到极限，中国的世界工厂地位奠定。然而，在人均GDP达到5000美元这一中等发达水平的时候，重污染行业也给中国带来了环境压力高峰。

如果说四万亿之前的环境污染还只是局部现象，而今就是全国性的普遍现象了。2012 年入冬以来的全国性雾霾天气，再清楚不过地揭露了中国重污染行业带来的环境污染的严重程度和生态的极端脆弱性。

当清新的空气、洁净的水源、蓝色的天空都成为民众的奢望之时，中国环境污染问题之严重就可想而知了。

（一）重污染行业污染范围广

1. 地域广

从环境污染的地域来看，已经从经济发达的东部地区和南部地区向中西部地区和北部地区迅速蔓延至全国。最近三四年，中西部地区加大了开发力度，低端产业向中西部转移，在经济快速增长的同时，环境污染问题也凸显出来。昔日清澈见底的一条条小溪变成臭水沟，已不再是东部发达地区的个别现象。

2. 空间广

从环境污染的空间分布看，从天空到海洋，从陆地到河流，从地表到地下，无论是空气、水源还是土壤，都广泛地被严重污染。

2. 重污染行业污染程度高

1. 水源

中国人均水资源只占世界平均水平的 1/4，水资源本就匮乏。中国水资源总量的 1/3 是地下水，然而据新华网报道，对 118 个城市连续监测数据显示，约 64% 的城市地下水遭受严重污染，33% 的地下水受到轻度污染，基本清洁的地下水只有 3%。近两年，中国水源恶性环境污染事件时有发生：去年春节期间广西一家重污染企业将污水直接排入地下溶洞导致龙江河镉污染；今年 1 月，山西长治苯胺泄漏事故引发的河流污染，波及山西、河北、河南三省。

占水资源总量 2/3 的地表水，污染问题同样严重。据 2006 年国家地表水监测断面中，IV-V 类和劣 V 类水质占比达到 32% 和 28%；根据全国水资源综合规划评价成果，84 个湖泊中常年呈现富营养化状态的湖泊有 48 个，占比达到52.4%；根据2000年评价的633个水库中，62%为中营养水库，38%为富营养水库，贫营养水库还不及1%。

2. 土壤

目前全国耕种土地面积的10%以上已受重金属污染，共约1.5亿亩；此外，因污水灌溉而污染的耕地有3250万亩；因固体废弃物堆存而占地和毁田的约有200万亩，其中多数集中在经济较发达地区。由此，中国每年因重金属污染的粮食高达1200万吨，造成的直接经济损失超过200亿元。

3. 空气

目前全球性大气污染问题主要表现在温室效应、酸雨和臭氧层遭到破坏三个方面。中国大气污染状况十分严重，主要呈现为城市大气环境中总悬浮颗粒物浓度普遍超标；二氧化硫污染保持在较高水平；机动车尾气污染物排放总量迅速增加；氮氧化物污染呈加重趋势；全国形成华中、西南、华东、华南多个酸雨区，以华中酸雨区为重。

据亚洲开发银行和清华大学最新发布的《中华人民共和国国家环境分析》报告，中国500个大型城市中，只有不到1%达到世界卫生组织空气质量标准。

（二）污染程度堪比史上最严重

重污染行业的发展带来的污染灾难在历史上并非罕见，然而，中国当前的环境污染问题堪比史上最严重。比如，臭名昭著的伦敦大雾与今日的北京雾霾当属同一级别。

据记载，1952年12月伦敦，在浓雾弥漫的四天时间里，死亡的人数就达4000人，两个月后又有8000多人陆续丧生。医生的回忆录表明，当时医院人满为患根本无法收治。有研究称，2012年，北京、上海、广州、西安这四座城市，因为PM2.5引发多种疾病造成的死亡人数达到8500人。

三、重污染行业环境管理制度有所欠缺

中国改革开放三十多年期间，大力发展经济，尤其是重污染行业的迅

猛发展，给环境带来了严重的污染问题，到了现今，环境污染问题可谓到达一个大爆发的顶峰。而环境管理制度虽然也在不断发展，形成一个基本成熟的体系，但是环境污染问题的日益严重告诉我们，目前的环境管理制度要应对如今日益严峻的污染问题，是有着不足的。

（二）环境保护管理体制存在的问题

1. 机构规格不相匹配，难以保障参与综合决策

经济社会发展的重大决策对环境保护具有举足轻重的影响。环境问题产生的根本原因就是在经济和社会发展的重大问题上没有充分考虑环境影响，使得经济发展和环境资源的承受力失调。实践表明，环境保护只有参与到国家综合决策中来，才能变被动的末端治理为主动的源头预防，避免走先污染后治理的弯路。

目前，国家十分重视环境保护，将环境保护作为实施宏观调控的重要手段，并提出"并重""同步""综合"三个转变要求。实现三个转变，其关键也在于方针、政策能够体现环保的要求，做到经济与环境协调发展。这就需要环保部门具有较高的地位和权威，在政府决策中具有一定的发言权，能够全面、充分地参与综合决策。而目前环保总局作为国务院直属机构，规格偏低，参与综合决策的能力比较薄弱，缺乏应有的机制和手段。

2. 部门职责交叉严重，难以统一监管到位

保护环境是国务院各部门共同的责任，环保部门与许多部门都有工作联系。在实际工作中，各部门围绕本部门主要职责开展环保工作是积极的，也是需要的。但由于以下一些因素，造成实际工作中部门职责交叉、"争权夺利"现象普遍：第一，由于历史原因，原先的管理职能分散在各部门，在成立环保机构后，只注意对新机构的授权，并没有撤销或完全撤销原部门的环保相关职能。第二，部门立法色彩浓厚，"依法打架"现象严重。国务院各部门既承担政策法规的制定，又同时是执法主体。由执法者立法，必然导致依法争权，依法谋利，造成"国家利益部门化，部门利益法制化，

法律权力岗位化，岗位职权个人化”。第三，资源管理部门政企不分，既有资源保护、生态建设的职能，又有经营和开发资源的任务，不利于生态保护。部门“争抢权力而不承担责任”的现象，长期困扰着环保部门，不仅造成工作重复、协调困难，难以形成国家环境管理整体实力，而且加大了行政成本，降低了行政效率。

例如，在水质保护方面，环保部门负责环境监测、统计、信息工作，统一发布信息，而水利部门也负责水质监测、管理，发布水质信息。这不仅会导致重复建设、重复工作，造成浪费；而且还会导致“数出多门”，出现一个政府公布两套数据，造成不良社会影响和国际影响。再如，在海洋环境保护方面，环保部门负责监督、协调、指导海洋环境保护工作，海洋局也负责海洋环境的监督管理，形成“陆地”“海洋”两个环保局，既增加了协调的难度，降低了办事效率，浪费了行政资源，还影响了政府部门的形象。

3. 综合协调能力不足，难以形成管理合力

环境具有系统性，环境问题涉及众多部门、行业、领域，客观上需要进一步加强部门协调机制。而环境保护作为构建和谐社会的重要内容，涉及社会政治经济生活各个方面，制定重要环境政策、统一重大环保行动的协调任务极为繁重，也需要一个国务院高层次机构来加强部门之间的组织协调。从1984—1998年，通过国务院环委会的组织运行和协调机制，比较好地解决了部门协调问题。1998年，环保部门得到了加强，环委会被撤销，其组织协调职责交由环保总局承担。然而，多年的运行却表明，环保总局组织协调国务院各部门开展环保工作仍存在很大困难，原环委会的一些职能难以有效履行。此后，虽又成立了“全国环境保护部际联席会议”，重新建立了协调机制，但由于规格较低，作为牵头部门的环保总局不是政府组成部门，而一些监管对象往往是组成部门，因此联席会议的实际协调能力很弱。

4. 中央对地方监督制约乏力，难以落实地方政府责任制

依照《环境保护法》规定，地方人民政府对本辖区的环境质量负责，

环境质量的好坏，政府是责任主体。但是，由于缺乏完善的环境绩效考核指标体系，政府环境保护责任制难落实。虽然目前的环境保护部门领导管理体制已经从单纯的“块块领导”改为双重领导，以地方政府为主，在一定程度上加强了地方落实和执行国家环保政策的力度，但由于是以地方领导为主，在经济增长水平仍然是衡量和反映各级政府和领导政绩考核的主要标准的情况下，容易导致一些地方只顾GDP增长，不顾环境保护，甚至不惜以牺牲环境换取经济增长，造成严重的环境问题。根据《中国绿色国民经济核算研究报告》（2004）的统计结果，全国仅因环境污染造成的经济损失就占当年GDP的3.05%。很明显，环境问题已使得中国经济发展取得的成绩大打折扣，甚至成为经济发展的瓶颈。目前，有关部门已经提出试行的综合性政绩评价指标，但尚待细化。中央政府对于地方政府是否依法履行其对本辖区环保质量负责的义务，是否采取有效措施改善环境质量，仍然缺乏有效的机制和手段进行监督和制约。

（三）公众参与制度存在的问题

首先，公众参与的主要形式仍然是体制外参与，而且是政府倡导型参与。在中国，很多的公众参与都是在政府推动、倡导下进行的，而不是有关组织和公民的自觉行动。这种公众参与一般是首先由各省、市、县政府或其环保部门通过新闻媒体对政府的某一环保决策（一般不具有持久性）如“城市环境综合整治、推进生态建设”等重点工作进行报道和公布，使公众先对此有所了解，然后由政府牵头，组织公众进行主题宣传教育活动，成立环保志愿者队伍，或者配合这些行动开展一些倡议性的签名活动等等。这种政府“倡导型”公众参与的缺点是缺乏系统性和持续性，当政府决定实施某一环保政策时，公众就会被组织起来进行“广泛”（表面上）的参与，一旦政府没有动力或资金实施该政策时，这种所谓的“公众参与”马上处于瘫痪状态。另外，由于公众参与是在政府倡导下进行的参与，公众很难有自己的独立立场，而真正意义上的公众参与其主要目的是实现公众对政府的有效监督（包括对决策、执行过程的监督）。因此，在中国，公众参与最主要的合理内核已经被抽掉，剩下的更多是一种形式上的东西。即使公众自身出于某种需要会自觉进行某种形式的参与，如受到项目不利影响的公众会通过信访的形式发表自己的一些意见，但其结果多是以不了了之而告终。

其次，体制内的参与也有很大缺陷。在环境法律层面上讲，中国基本上没有公众参与制度。纵观中国几部主要环境保护法律《环境保护法》《海洋环境保护法》《水污染防治法》《大气污染防治法》《固体废物污染环境防治法》《环境噪声污染防治法》，有关公众参与的类似条款只有两条：（1）一切单位和个人都有保护环境的义务，并有权对污染和破坏环境的单位和个人进行检举和控告。（如《环境保护法》第6条，《水污染防治法》第5条）（2）环境影响报告书中，应当有该建设项目所在地单位和居民的意见。（如《水污染防治法》第13条，《环境噪声污染防治法》第13条）最近通过的《环境影响评价法》第11条和21条相对于前述规定有了一点点进步，即要求“报批的环境影响报告书应当附具对有关单位、专家和公众意见采纳或不采纳的说明”。

显然，上述规定过于简单，不但不成体系，而且很难具有可操作性：检举和控告作为一种事后救济，其本身就不应成为一种公众参与的首选方式，而应该作为一种补充方式，因为环境损害具有不可恢复性和不可逆性的特点，然而中国的《环境保护法》却将其作为公众参与的主要方式在总则中加以规定，这显然是本末倒置。而且即使是这种事后救济，也缺乏相应的“立案受理—审查—裁决—程序”加以保障，这让我们很难想象这一规定是如何以一种透明而公正的方式实施的；再来看事前防范措施，虽然法律规定“环境影响报告书中应当有该建设项目所在地单位和居民的意见”，“报批的环境影响报告书应当附具对有关单位、专家和公众意见采纳或不采纳的说明”，但这些还远远不够，公众的参与权仍未得到有效保护，因为下列一系列问题法律并未加以明确：公众是否有权并且如何获得提供意见的依据和相关背景信息？当局或建议者是否必须对公众意见做出反应？在什么条件下必须举行公众听证会？公众是否有权了解做出最后决定的理由？公众是否可以质问 EIA（环境影响评价）的充分性？这些问题得不到解决，公众参与只能流于形式。

（四）环境行政管理责任追究机制存在的问题

中国法律在规定环境行政管理机关不履行法定职责时，往往都是规定“环境保护监督管理人员滥用职权、玩忽职守、徇私舞弊的，由其所在单位或者上级主管机关给予行政处分；构成犯罪的，依法追究刑事责任”。但是，许多时候可能没有达到滥用职权、玩忽职守、徇私舞弊的程度，而是法律规定该做的事情不做，而且这种不做，又不影响到本部门的利益，那么，对这种不履行法定职责的行为，就很难去让部门或单位给予行政处分。比如，《海洋环境保护法》规定“环境保护行政主管部门在批准设置入海排污口之前，必须征求海洋、海事、渔业行政主管部门和军队环境保护部门的意见”。当环保部门不履行这种征求意见的义务时，却没有任何责任规定和追究责任的程序。

即使对于环境保护监督管理人员的滥用职权、玩忽职守、徇私舞弊等违法行为，虽然中国法律有相关的处理规定，但其过于空泛，缺乏相关的程序性规定，可操作性很差；而且由于中国的环境行政管理责任追究没有形成一个制度，所以实行起来有些“随心所欲”，同样一个环境违法行为，不同的部门或领导会因为各种原因而给予不同的处理，有时候甚至因为涉及自身的利益或是顾及部门的利益而大事化小，小事化了。这种现状导致了中国虽然在一些重大的环境事故中做到了追究责任人的环境行政管理责任，但在全国范围内，在大部分的环境行政管理事故中，对环境行政管理责任追究基本上没有。因为缺乏对环境管理责任的追究，所以环境行政管理者容易走上歧路，不仅没有起到保护环境的作用，反而成了环境破坏的参与者。

第四章　重污染行业环境管理相关制度实践及研究进展

第一节　我国重污染行业相关环境管理制度综述

环境管理制度是环境保护工作方针、政策在实践操作上的体现，是经过长期实践证明的适应国家国情的行之有效的管理手段。中国目前实行的主要环境管理制度是环境管理八项制度和清洁生产审核制度、环境监测和报告制度等，其中环境管理八项制度包括“老三项”制度和“新五项”制度。其中“老三项”制度包括：环境影响评价制度“三同时”制度和排污收费制度；“新五项”制度包括：环境保护目标责任制、综合整治与定量考核、污染集中控制、限期治理和排污许可证制度。

一、中国环境管理制度概述

我国环境管理制度在实践中取得了显著成效，但随着环境的不断恶化，公民环境需求的不断提高，党的十八大和十八届二中、三中全会，特别是新修定的《中华人民共和国环境保护法》都对我国环境保护管理工作提出了更高、更严的要求，现行的环境保护制度已明显不能满足当前环保形势和需要，尤其是对国民经济中占有重要地位的重污染行业的环境管理。重污染行业虽然为经济发展做出了突出贡献，但也是资源消耗的大户和环境污染的重要来源，不可避免地成为环境污染重灾区和承担环保责任的主体，因此通过制定最严格的环境保护制度来促进和保障重污染行业环境保护的规范、有效管理就显得至关重要。由此可见，如何制定重污染行业最严格环境保护制度成为了当前环境保护制度研究的一个重要课题。

总体来说，我国环境管理制度存在的不足之处主要表现在三个方面。一是制度制定和实施的客观背景的影响。如：①在理念方面，目前我国还不能谈环境优先，即便是谈了，也无济于事；②在环境立法和司法实践方面，特别是在环境司法实践几乎是处于刚刚起步阶段，环境制度的制定、实施缺乏完善的法律基础；③在环境基础方面，我国过去长期掩耳盗铃地自我标榜“社会主义无污染”，长期对环境问题不重视，在错误的发展观影响下，实行高投入、低产出、高污染的粗放式的生产方式，导致环境恶化愈演愈烈，积重难返；④在社会文化及意识形态方面，公民的环境意识、依法维权意识和自律精神都比较差；⑤在政治体制方面，监督、制约力不够，很难使各项环境制度落到实处。二是环境管理制度的内容设置存在不足。如：①环境管理制度的指导原则和目标存在弊端，结合我国实际国情，我国环境管理制度长期贯彻“环境与经济协调发展”的原则，其目标是解决环境问题促进经济发展，实质上是在经济发展的前提下解决环境问题；②环境管理制度的内容细化程度不够。比如对管理制度的执行程序缺乏具体规定，对污染治理标准没有全面、细致、严格确定。三是在制度实施机制方面存在薄弱点。如：①环境管理制度实施过程依靠法律、法规的作用明显不够。我国立法数量并不少，但由于法律、法规的缺陷以及法治环境的不佳，导致一些法律、法规束之高阁，不太管用；②地方政府在贯彻落实环境管理制度不认真得力。由于国情原因，我国地方政府受地方利益和领导人政绩观驱动，在环境管理制度实施中往往喊得多而做得少，或者走形式做表面文章，导致行政不作为；③环境管理制度实施中的激励措施不得当。对污染受害者的经济补偿以及其他激励措施缺乏对广大民众环境意识和环境维权意识的激励作用，从而使环境管理制度实施的主体缺乏积极性和主动性；④在环境管理制度实施过程中缺乏对其进行有力监督和推动的社会组织等。下面就以重污染行业为对象，择要分别评述我国现行的环境管理制度。

二、“老三项”环境管理制度

（一）环境影响评价制度

1. 基本内涵

1972年联合国斯德哥尔摩人类环境会议之后，我国开始对环境影响评价制度进行探讨和研究，1979年颁布的《环境保护法（试行）》借鉴国外的做法，对这一制度做了规定。从此，我国从立法上确立了环境影响评价制度。它作为预防性环境政策的重要支柱和环境管理的一项基本制度，在实践中不断进行了完善，特别是2003年9月1日起施行的《环境影响评价法》可以说是我国环境影响评价制度发展历史上的一个新的里程碑。环境影响评价制度是指在进行建设活动之前，对建设项目的选址、设计和建成投产使用后可能对周围环境产生的不良影响进行调查、预测和评定，提出防治措施，并按照法定程序进行报批的法律制度。即对环境影响评价活动的法律化、制度化，国家通过立法对环境影响评价的对象、范围、内容、程序等进行规定而形成的有关环境影响评价活动的一套规则。其范围一般是限于对环境质量有较大影响的各种规划、开发计划、建设工程等。

2. 环境影响评价制度对重污染行业环境管理的意义分析

环境影响评价制度对于贯彻预防为主的环境保护原则，预防新的污染源出现发挥着极为重要的作用，因此在我国重污染行业环境管理中发挥了巨大作用。

第一，环境影响评价制度在保证重污染行业建设项目选址的合理性上起了突出作用。因为，评价结果证明虽然投资效果好，但由于布局不合理，严重污染环境，破坏生态平衡，而影响长远发展的项目，就不能同意建设，必须另选地址。

第二，对重污染行业开发建设项目提出了防治污染的措施，控制了新污染。

第三，实施环境影响评价制度的步骤和程序都贯穿在重污染行业基本建设各个阶段，使计划管理、经济管理、建设管理都包含环境保护的内容，从而把重污染行业建设项目环境管理纳入国民经济计划轨道，在发展经济的同时保护好环境，促进了经济建设和环境保护的协调发展。

第四，进行环境影响评价可以调动社会各方面保护环境的积极性，集思广益，群策群力，有利于解决重污染行业污染问题。如部分工程设计单位熟悉重污染行业工程项目的发展水平和发展趋势，能有针对性地提出综合治理对策，做到技术、经济上的可行、合理；而管理单位则熟悉各种法规，就便于组织协调和监督。

3. 环境影响评价制度在重污染行业环境管理中存在问题分析

环境影响评价制度在重污染行业环境管理中存在问题主要表现在下面四个方面：

一是环境意识差，致使重污染行业建设项目环境影响评价和公众参与流于形式。①我国公众环境意识较低，一些建设单位及执法部门对环境影响评价工作的重要性认识不够，仅把它作为一项任务来完成，导致实际工作中的环境评价流于形式。②一些地方为了片面强调经济发展，特别是具有巨大经济价值的重污染行业，简化其环境影响评价手续，缩短审批时间或减低评价等级，甚至不进行环境影响评价就直接上马，这种现象在我国的许多地方尚有存在。③由于公众的环境意识不够，不会或不愿意主动参与对自己可能造成切身利益损害的项目的环境影响评价工作，特别是对环境有巨大破坏的重污染行业建设项目的环评工作的参与严重不足。

二是对于重污染行业来说，对宏观决策的环境影响评价不够。作为对环境有长远影响的重污染行业，对其的宏观决策极其重要，但是目前对其的环境影响评价只限于具体的建设项目，一些宏观决策没有纳入环境影响的评价对象，而立法与政策等宏观决策对环境的影响则是全局性，特别是对重污染行业的决策一旦失误会给相当范围甚至全国的环境质量带来了一些重大损害和危害。

三是评价范围太窄，评价标准偏低。目前我国环境影响评价制度面向于对环境质量有较大影响的所有行业的各种规划或建设项目等，其评价范围及标准对于重污染行业来说偏窄、偏低，未能达到对重污染行业环境影响评价的需要和目标。

四是普遍存在的问题，法律法规不完善，管理体制不健全。①虽然法律规定了环境影响评价单位应承担的法律责任及其相应的处罚措施，但由于法律责任不明确，导致环境影响评价单位在实际操作过程中对环境影响评价结果的准确性是不承担任何法律责任的，不会受到任何处罚。②对环境影响评价制度落实的监督、约束机制等管理体制方面存在缺陷。

（二）“三同时”制度

1. 基本内涵

1972 年 6 月，在国务院批准的《国家计委、国家建委关于官厅水库污染情况和解决意见的报告》中第一次提出了“工厂建设和‘三废’利用工程要同时设计、同时施工、同时投产”的要求。1973 年，经国务院批准的《关于保护和改善环境的若干规定》中规定：“一切新建、扩建和改建的企业，防治污染项目，必须和主体工程同时设计、同时施工、同时投产，正在建设的企业没有采取防治措施的，必须补上。各级主管部门要会同环境保护和卫生等部门，认真审查设计，做好竣工验收，严格把关。”从此，“三同时”成为我国最早的环境管理制度。1979 年，《中华人民共和国环境保护法（试行）》对“三同时”制度从法律上加以确认。而在 1989 年 12 月《中华人民共和国环境保护法》总结了实行“三同时”制度的经验，提出更规范的制度要求。2014 年新环保法中第四十一条规定“建设项目中防治污染的设施，应当与主体工程同时设计、同时施工、同时投产使用”。

“三同时”制度，是指新建、改建、扩建项目和技术改造项目以及区域性开发建设项目的污染治理设施必须与主体工程同时设计、同时施工、同时投产使用的制度。它与环境影响评价制度相辅相成，是防止新污染和破坏的两大“法宝”，是我国预防为主方针的具体化、制度化。“三同时”制度的适用范围起始仅限于新建、改建和扩建的企业，后来不断扩大。根据最新发布的《建设项目环境保护管理条例》的规定，“三同时”制度适用于以下开发建设项目：新建、扩建、改建项目，技术改造项目，一切可能对环境造成污染或破坏的工程建设项目，确有经济效益的综合利用项目。

2.“三同时”制度对重污染行业环境管理的意义分析

第一，“三同时”制度具有重要的法律意义。该制度完善了我国在重污染行业的环境污染预防方面的法律规定，提高了我国重污染行业环境资源方向的立法水平，也体现了我国法律对重污染行业环境污染的预防和治理的重视程度。

第二，“三同时”制度具有重大的安全意义。“三同时”制度的实行将能够有效地控制我国重污染项目的施工建设中所产生的各种环境安全隐患，提高建设的质量及其对环境发展影响的可持续性，增强投资方、施工建设单位以及审批验收机关的安全建设意识。

第三，“三同时”制度有着积极的经济意义。一方面，该制度能够预防重大的环境和社会的安全隐患。另一方面，该制度能够有效地控制重污染建设项目从过程上控制了人为因素产生的污染和对环境的破坏。“三同时”制度能从根本上减轻例如大气河流等的污染，提高了人们生活环境的质量，有效地预蹻由重污染行业所带来的环境污染而产生的各种疾病，保障人们的身心健康。

3.“三同时”制度在重污染行业环境管理中存在问题分析

“三同时”制度虽然推行多年，取得一定进步，但在重污染行业环境管理中仍存在以下几点不足：

一是由于环保系统内部管理体制不健全，环境管理与环境监察衔接机制不完善，造成审批、监察、验收相脱节。有的地方重污染建设项目经环保审批部门同意建设后，环境监察部门跟踪“三同时”执行情况，环保审批部门负责试运行和竣工验收；有的地方重污染建设项目经环保审批部门同意建设后，环境监察部门跟踪“三同时”执行情况、试运行，环保审批部门负责竣工验收；有的地方环保审批部门只负责重污染项目审批，环境监察部门负责跟踪“三同时”执行情况、试运行和竣工验收。由于存在移交时间差和相互沟通不到位等问题，一定程度上影响了重污染建设项目环保“三同时”的执行，甚至出现环境监管工作“真空”现象。

二是政府强制力的监察力量薄弱，环境监察工作任务繁重，环境监察部门的工作除了重污染行业污染源的日常监管外，还承担着污染减排、建设项目“三同时”管理、环境信访、环境应急管理、环境安全等工作，监管队伍人员、编制严重不足，环保队伍还是20世纪90年代的人员编制数量，却承担着的21世纪的环保管理任务。

三是重污染行业建设单位的环境法制观念淡薄，主要体现在：①没有严格按照环评报告和环保部门审批意见落实环保投资，能省则省；②在主体工程的建设内容、规模、采用的设备和工艺发生较大变化时，没有重新进行环评；③在主体工程建设时虽然同步建设了部分环保设施，但环保投入和设施建设与环评和环评批复要求相距甚远；④在污染防治设施不到位的情况下，擅自投入生产，造成事实，然后边生产边整改，新污染源成了老污染源；⑤试生产严重超过期限，仍不主动申请验收，造成久拖不验，长期试生产。

（三）排污收费制度

1. 基本内涵

《中华人民共和国环境保护法（试行）》（1979年9月第五届全国人大常委会第十一次会议通过）中有规定：“超过国家规定的标准排放污染物，要按照排放污染物的数量和浓度，根据规定收取排污费。”这是我国首次从法律上确立了中国的排污收费制度，至2003年1月《排污费征收使用管理条例》的出台，排污收费制度的政策体系、收费标准及其使用与管理方式都有了一次重大的改革和完善。

排污收费制度，是指一切向环境排放污染物的单位和个体生产经营者，按照国家的规定和标准，缴纳一定费用的制度。目前，我国征收排污的项目主要有污水、废气、固废、噪声、放射性废物等五大类113项。

2. 排污收费制度对重污染行业环境管理的意义分析

排污收费作为政府调控经济的重要手段之一，将在清洁生产中发挥“调控器”的作用。重污染行业生产经营者如果使用落后的技术和工艺，对资源的利用必然是粗放的和一次性的，其结果必将导致自然资源的过度消耗、浪费、短缺，势必造成严重的环境污染。实行排污收费制度，有利于促使生产经营者采用先进的工艺、技术与设备，节能降耗，清洁生产。总的来说，作为我国环境管理的一项基本制度，排污收费制度是做好污染防治的一项非常重要的经济政策，在我国重污染行业环境保护工作中发挥着积极的作用。排污收费制度在促进重污染建设项目单位企业加强其本身的经营管理，更大地做好节约资源和综合地利用企业的资源，政府企业筹集治理环境污染的资金，加强环境保护政策自身的建设与完善和健全严格的环境监察执法等等方面都发挥了重要的作用。

3. 排污收费制度在重污染行业环境管理中存在问题分析

排污收费制度在重污染行业环境管理中存在问题主要表现在以下几个方面：

一是排污收费标准较低，在成本效益的经济理论角度分析，排污费的收费标准不应低于环境收益曲线与环境成本曲线相交处的污染防治费用，否则，重污染行业企业出于成本效益的考虑将不会重点致力于污染的治理。然而，我国目前的实际情况却是排污费的数额远远低于重污染行业企业的污染防治成本费用，从而导致了排污收费制度对防治污染保护环境的效果比较小。再加上我国对超标处罚的力度不大，导致在一些重污染行业企业中渐渐流行起“宁缴费认罚，也不愿意投资治理污染”。

二是排污收费的征收程序复杂，效率不高。目前我国的排污费征收的主要程序为：排污申报，排污量核定，排污费核算，依法征收，强制执行以及排污费减缓免。在实际实施时，整个征收程序从申报到执行完毕，时间周期长，每个程序的可操作性低下，核算过程的量化困难，这种种问题导致的结果就是需要花费大量的人力物力，征收成本居高不下。

在现实的征收过程中，排污费少缴、欠缴、拖缴等问题严重，征收效率低下。一方面来说，排污费征收额的核算是由排污者申报和环保部门核定得出，更多的是依靠企业自报，导致申报的数额的可靠性和准确性都难以保证，瞒报、谎报现象比较普遍。另一方面来说，对排污费的公示以及稽查制度的执行不到位，再加上地方保护主义，个别地区存在严重的“人情收费”“协商收费”等问题。

三是政府相关部门对排污费的管理使用不规范。在排污收费制度下从重污染行业企业征收上来的排污费存在着被有关部门挤占、挪用、非法使用等严重问题。在某些相关部门里，排污费不仅被用于发放工资，更巧立名目，用于滥发奖金补贴及加班费、下乡费、节假职工福利等等，仅仅有一小部分是被用于重污染行业的环境保护污染防治的。大量的排污费没有被全额、及时地上缴到财政，不但使财政部门无法明确排污费数额，摸不清家底，更使得环保资金的总量不足，严重制约到政府治理污染的能力。

三、“新五项”环境管理制度

（一）环境保护目标责任制度

1. 基本内涵

环境保护目标责任制是第三次全国环境保护会议上确立的，它是以签订责任书的形式，要求各级政府的行政首长对当地的环境质量负责，企业的领导人对本单位的污染防治负责，规定他们在任职期间内的环境任务目标，并且列为政绩考核依据的一项环境管理制度。其环境任务目标包括环境质量目标、污染治理目标、城市市政公用设施现代化目标和环境管理工作目标等。环境保护目标责任制是将环保任务直接具体落实到地方各级人民政府和排污单位有关负责人的一项行政管理制度，它还设有配套的措施、支持系统和考核、奖罚办法及定量化的监测和控制系统，旨在加强各级政府及排污企业领导负责人对环保工作进行综合指导。

2. 环境保护目标责任制度对重污染行业环境管理的意义分析

第一，环境保护目标责任制明确了保护环境的主要责任者、责任目标和责任范围，解决了“谁对环境质量负责”这一首要问题，即一把手负总责。不少重污染企业在排污方面之所以能如此肆无忌惮，很大一部分原因是背后有政府的支持，然而，实行环境保护目标责任制之后，政府不能只顾着重污染企业给自己所在城市所带来的经济效益，还必须考虑到自己所签订的环境目标责任书上的各项环保指标达标与否，如今这也关系到自身的切实利益。如此便切实加强了各级政府和单位对环境保护的重视，真正将环境保护纳入议事议程，克服了在环境管理中存在推诿和“扯皮”现象，健全了重污染行业环境管理体制。

第二，全面推行环境保护目标责任制，对多层次、全方位推进重污染行业环境保护工作，有着十分重要的意义。责任的各项指标经过层层分解、落实到各级政府和有关部门，各自按责任书项目的分工承担相应的环保任务，使重污染行业环境保护由过去环境部门一家抓，逐步发展为各部门各司其职，各负其责，齐抓共管。

3. 环境保护目标责任制度在重污染行业环境管理中存在问题分析

第一，现行责任内容定量指标少，内容形式化。诚然，现如今各级政府及重污染企业都基本能够按要求制定环保目标责任书，但是，从他们的责任书内容上可以看出，大多数内容是一些定性内容，而且形式化十分严重，定量指标很少甚至没有。而且各地责任书内容都差不多，没有根据地方实际情况编写。很多指标都以确保完成为前提，缺乏硬性的定量指标。

第二，监督、检查力度不够。目前，环保责任书的检查考核一般都是届满进行。这样就导致一些责任心不强的领导将责任往后拖，直到届满推诿给下一届；或者一些领导前期不努力，在届满末期突击应付。

第三，常规问题：制度不完善，法律法律支撑不足，导致考核形式化，环保目标让位于经济目标。虽然环保法中有要求政府对环境质量负责，但未涉及如何负责及违反后如何承担法律责任的规定，缺乏法律法规的强制力，执行的强度大打折扣。在干部的政绩考核中，仍然是环保考核指标处于“弱势”地位，GDP处于“强势”地位。因此，在这种经济指标第一位，环境目标第二位的错误指导下，深入实际，实事求是，注重实效的考核离我们越来越远。

（二）限期治理制度

1. 基本内涵

1979年颁布的《环境保护法（试行）》第一次从法律上确定了限期治理制度。限期治理是以污染源调查、评价为基础，以环境保护规划为依据，突出重点，分期分批地对污染危害严重、群众反映强烈的污染物、污染源、污染区域采取的限定治理时间、治理内容及治理效果的强制性措施，是人民政府为了保护人民的利益对排污单位采取的法律手段。被限期的企业事业单位必须依法完成限期治理任务。这一概念有几层意思：一是限期治理不是随便哪污染重就对哪限期，而是要经过科学的调查评价明确污染源、污染物的性质、排放地点、排放状况、迁移转化规律、对周围环境的影响等各种因素，并且要在总体规划的指导下进行，不能再犯头痛医头，脚痛医脚的毛病；二是限期治理必须突出重点，分期分批解决污染危害严重，群众反映强烈的污染源与污染区域；三是限期治理要具有四大要素：即限定时间、治理内容、限期对象、治理效果。四者缺一不可。

限期治理污染与治理污染计划不同，限期治理决定是一种法律程序，具有法律效能，而治理计划则只是一种经济管理手段，完不成也不负法律责任。为了完成限期治理任务，限期治理项目应按基本建设程序无条件地纳入本地区、本部门的年度固定资产投资计划之中，在资金、材料、设备等方面予以保证。限期治理的范围包括区域性限期治理、行业性限期治理、污染源限期治理。

2. 限期治理制度对重污染行业环境管理的意义分析

从限期治理制度的治理对象看，重点有以下四类：①污染危害严重，群众反映强烈的污染物、污染源，治理后对改善环境质量，解决厂群矛盾，保障社会安定有较大作用的项目；②位于居民稠密区、水源保护区、风景游览区、自然保护区、温泉疗养区、城市上风向等环境敏感区，污染物排放超标、危害职工和居民健康的污染企业；③污染范围较广、污染危害较大的行业污染项目；④其他必须限期治理的污染企业。而这重点四类对象，无不将矛头指向重污染行业。所以，限期治理制度是重污染行业环境管理的一项不得不提的且行之有效的环境管理措施，它带有一定的直接强制性，它要求排污单位在特定期限内对污染物进行治理，并且达到规定的指标，否则要承担更为严重的责任。各地具体执行过程中重污染行业也的确是首当其冲，无法逃避限期治理的任务。它对减轻或消除现有重污染行业污染源的污染，改善环境质量状况，起到了相当大的促进作用。

3. 限期治理制度在重污染行业环境管理中存在问题分析

一是对限期治理的决定权规定不统一。《环境保护法》和其他单行法律对限期治理决定权的规定并不一致。其中，《环境保护法》和《环境噪声污染防治法》将决定权交给各级人民政府，而将环保部门排除在外；而2012年修定的《草案》则直接规避了决定权问题；《大气污染防治法》和《海洋环境保护法》规定限期治理决定权由国务院决定；《固体废弃物污染环境防治法》将限期治理完全授予各级环保部门行使。环境法制的不一致，使限期治理的权威和治理效果大打折扣，特别是决定权在政府手里时，给地方保护主义可乘之机。作为专业性的限期治理职责，由人民政府行使，而不是由具备专业性技能与设备的环境保护主管部门行使，既不符合专业化行政的发展趋势，也影响了限期治理的效果。

二是执行程序的烦琐。程序的烦琐，导致从下达限期治理到验收真正“规定期限”太长，变相延长期限，有些重污染企业觉得自己已积重难返，又不愿意投入大量资金用于环境治理，索性破罐子破摔，做好停产准备，在此期间大肆排污，捞最后一笔暴利，这样反而充当了许多不法企业的“保护伞”。

三是对法律责任的规定不完善。这可以从两个角度加以说明：从决定部门来看，是否启动对某个重污染企业的限期治理程序以及启动程序之后要求该重污染企业治理到何种程度，这是常见的困扰，虽然有些法律（如《大气污染防治法》）也对总量控制做了相应的规定，但并不是全部。这样在执行过程中发挥空间就显得略大，容易造成决定部门判断失误或者滥用自由裁量权。从限期治理对象——重污染企业来看，如未完成治理任务，后果无非是由政府责令停产治理或关闭，行政处罚主要是罚款，而且罚款额度相对于巨额利润来说，无异于九牛一毛。而对造成严重污染的企业的领导者和相关责任人员，法律未规定其应当承担的法律责任。这样单一的处罚方式甚至使限期治理沦为一些企业大肆排污的保护伞。

（三）排污许可证制度

1. 基本内涵

我国早在1987年就开始排污许可证制度的试点工作，排污许可证制度是我国八项基本环境管理制度之一，它是指凡是向环境排放污染物的排污单位事先必须向当地环境保护行政主管部门提出申请，当地政府及环境保护部门以改善环境质量为目标，以污染物总量控制为基础，依照相关法律法规的规定，核定排污单位排放污染物的种类、数量等，核发排污许可证、临时排污许可证，排污单位经审批领取许可证后，按照许可证规定的污染物排放种类、总量和条件排放污染物的制度。

排污许可证制度是点污染源污染排放控制的核心手段，它包含了点源达标排放应遵循的所有要求，包括排污申报、排放标准、排放监测方案、达标判别方法、排污口设置管理、环保设施监管和限期治理等各方面的规定，也就是说所有与点源排放相关的政策都能通过排污许可证制度得以实现。该制度实际上是以排放标准为中心，捆绑其他点控制源污染排放保障性规定的政策体系。

2. 排污许可证制度对重污染行业环境管理的意义分析

重污染行业是由众多重污染企业点源组成的，污染物排放管理问题就应当各个击破，排污许可证制度又是专门针对点源排放管理所设计的一项制度，排污许可证中包含了点源达标排放应遵循的所有要求。重污染行业环境管理体系除了排污许可证制度外，还涉及很多环境管理制度，如环境标准、申报登记、污染物排放总量控制、环境监测、限期治理等制度，但是，排污许可证制度是核心，它能作为一个发挥平台，将各项制度整合起来，使各项制度不再如一盘散沙。以总量控制制度为例：总量控制制度是重污染行业环境管理制度的一项非常重要的制度，重污染企业排放的污染物多数被列为重点污染物，它们的排放需要达到重点污染物排放总量控制要求。这一点，排污许可证制度的“达标排放”原则可以很好地满足。不仅如此，总量控制制度只是适用于少数的几种特定的污染物，适用范围有限，并不适用于所有的排污行为，然而，排污许可证制度可以很好地弥补这一不足，除了纳入污染物排放总量控制实施方案的污染物排污要达到终点污染物排放总量控制要求外，对于一般的污染物，它也有相关要求——达到国家或地方规定的排放标准，即所说的“双达标”。由此可见，总量控制制度只是排污许可证制度的一项特殊要求。所以，对重污染企业的污染控制应当以排污许可证为基点，整合现有环境管理制度的主要功能，提高环境管理效果，降低管理成本。

3. 排污许可证制度在重污染行业环境管理中存在问题分析

第一，排污许可证制度存在各项环境基本制度普遍存在的问题：法律地位低下，法规建设不健全，执法者执法能力不足，违法者的法律责任过轻。自2007年《水污染的排放许可证管理暂行办法》废止以来，还未发布新的法规，虽然另外一部《淮河和太湖流域排放重点水污染物许可管理办法（试行）》仍在实行，但是仍然缺乏实施细则。法规的不健全，必然导致执法者和违法者都有缝可钻，滋生腐败，即使是公正的执法者，也“巧妇难为无米之炊”，或无法把握一个度，只能多凭主观臆断，或无权利管制。

第二，难以真正做到全过程许可管理。排污许可证制度应当涉及全过程许可管理，从排放污染物行为发生前一直延伸到排污之后对排污者的日常管理过程甚至危机管理中， 既能够事前预防，又便于事后监管。然而，现有的排污许可证制度并非是事前批准，仅仅是事后同意，是在运行阶段才开始介入，难以从源头防止污染的发生。另外，每年仅仅一两次监督性监测或委托性监测，这样的监管模式根本没法反映真正的排污状况，全过程许可就应当对重污染企业排污在线监测，实时监控，定期审核。

第三，公众参与度有待提升。公众监管作为重污染行业环境管理体系的一个重要组成部分，公众的参与与支持对重污染行业环境管理走向成熟起到很好的推动作用。然而，由于缺乏公众环境救济和有效的公众参与机制，污染企业申请排污许可证的条件和提交的材料未能做到透明化，不向社会公开，公众难以了解实际情况，受到污染损害也找不到有效的裁决机构给出公平的裁决。这样，公众的力量也就难以发挥出来。

四、其他环境管理制度

（一）清洁生产审核制度

1. 基本内涵

清洁生产是一种新的创造性的思想，该思想将整体预防的环境战略持续应用于生产过程、产品和服务中，以增加生态效率和减少人类及环境的风险。清洁生产审核，是指按照一定程序，对生产和服务过程进行调查和诊断，找出能耗高、物耗高、污染重的原因，提出减少有毒有害物料的使用、产生，降低能耗、物耗以及废物产生的方案，进而选定技术经济及环境可行的清洁生产方案的过程。

清洁生产审核是企业实施清洁生产的有效途径，《清洁生产促进法》第二十八条规定："企业应当对生产和服务过程中的资源消耗以及废物的产生情况进行监测，并根据需要对生产和服务实施清洁生产审核。污染物排放超过国家和地方规定的排放标准或者超过经有关地方人民政府核定的污染物排放总量控制指标的企业，应当实施清洁生产审核。使用有毒、有害原料进行生产或者在生产中排放有毒、有害物质的企业，应当定期实施清洁生产审核，并将审核结果报告所在地县级以上地方人民政府环境保护行政主管部门和经济贸易行政主管部门。"按照这一规定，清洁生产审核可分为两种类型：自愿性审核和强制性审核，即企业根据需要进行的自我审核与企业在一定条件下应实施的必要审核。

2. 清洁生产审核制度对重污染行业环境管理的意义分析

实施清洁生产审核制度对重污染行业环境管理有着重大的意义，具体有如下几点：

（1）实施清洁生产审核制度是实现可持续发展战略的需要

随着经济增长与环境、资源矛盾的激化，人类提出了可持续发展战略。它不是一般意义上所指的在时间上连续运行、不被中断，而是特别指出环境和自然资源的长期承载能力对发展进程的重要性以及发展对改善生活质量的重要性。清洁生产是可持续发展的关键因素，因此我们号召工业提高能效开发更清洁的技术，更新、替代对环境有害的产品和原材料，实现环境、资源的保护和有效管理。

（2）实施清洁生产审核制度是控制重污染行业环境污染的有效手段

无论发达国家还是发展中国家均走着先污染后治理这一人们为之付出

沉重代价的道路。而清洁生产彻底改变了过去被动的、滞后的污染控制手段，强调在污染产生之前就予以消减，即在产品及生产过程和服务中减少污染物的产生和对环境的不利影响。这一主动行为，具有效率高、可带来经济效益、容易被组织接受等特点，因而成为控制重污染行业环境污染的一项有效手段。

（3）实施清洁生产审核制度可大大减轻末端治理的负担

随着工业化发展速度的加快，末端治理这一污染控制模式的种种弊端逐渐显露出来。如设施投资大、运行费用高，造成组织成本上升、经济效益下降、污染物转移不能彻底解决环境污染、不能制止自然资源的浪费。而清洁生产从根本上克服了末端治理的弊端，它通过生产全过程控制，减少甚至消除污染物的产生和排放。这样，不仅可以减少末端治理设施的建设投资，也减少了日常运行费用。

（4）实施清洁生产审核制度是提高重污染行业企业市场竞争的最佳途径

开展清洁生产的本质在于实行污染预防和全过程控制，它将带来不可估量的经济、社会和环境效益。清洁生产是一个系统工程，一方面它提倡通过工艺改造、设备更新、废物回收利用等途径，实现“节能、降耗、减污、增效”，降低生产成本，提高重污染行业企业的综合效益；另一方面它强调提高重污染行业企业的管理水平，提高包括管理人员、工程技术人员、操作工人在内的所有员工在经济观念、环境意识、参与管理意识、技术水平、职业道德等方面的素质。

3. 清洁生产审核制度在重污染行业环境管理中存在问题分析

清洁生产审核制度实施以来，环境保护管理工作取得了很大的进步，但同时在清洁生产推进过程中也暴露了许许多多的问题，尤其是重污染行业企业的清洁生产审核过程中存在的问题尤为突出。

（1）重污染行业企业清洁生产思想认识不足

目前，重污染行业企业界在思想观念上还未充分认识到清洁生产对于解决资源环境问题的极端重要性，还是以末端治理为主要手段的传统环境管理模式占据主导地位，这对重污染行业企业开展清洁生产审核的主动性和自愿性带来了很不利的影响。思想认识的不足在众多私营企业里体现得更为突出。一些重污染行业企业的社会责任意识淡薄，目光短浅，急功近利，因为实施清洁生产审核需要企业投入很大的一笔资金实施清洁生产方案，这笔资金的周转被很多企业斥为平添企业负担，而且一些方案实施后效益不能立竿见影，这更加重了企业对清洁生产审核误解。

（2）清洁生产三级管理体系并不完善

三级管理体系不完善主要体现在政府管理以及第三方技术服务单位问题上。对于政府管理而言，清洁生产相关制度、政策建设仍落后于末端治理，在法制环境建设、刚性管理手段设计、清洁生产审核过程的规范化、扶持政策创新、部门协调机制、专家队伍建设以及技术服务单位的管理、审核的质量和验收保障体系等方面还有待加强和完善。此外，第三方咨询服务机构管理有明显缺位。由于咨询服务机构大多是以盈利为目的，再加上政府监管不到位，很多咨询服务机构偏离了清洁生产审核的宗旨。在利益的驱使下，有很多咨询服务机构把执照分给外部机构用，自己坐收利益，这种方式导致了服务机构泛滥以及审核的不专业。他们往往以重污染建设项目的验收通过为目的，走形式走过场，但由于不专业而无能力为重污染行业企业清洁生产审核提出有益于企业发展的清洁生产方案，最后却反遭企业的埋怨和质疑，严重的还导致企业清洁生产审核验收延期或无法通过验收。

（3）清洁生产标准或评价体系缺乏，某些重污染行业无标准可对

在清洁生产审核过程中有时候找不到某行业清洁生产评价指标体系或行业清洁生产标准进行依据评估，或者找到的评估体系大部分指标并不符合企业实际生产，也就无法以它作为评估依据。在审核中由于重污染行业企业间保密根本无法进行对比，有些企业清洁生产审核小组就只能与企业

自身以往不同年份的生产数据进行对比或干脆省略与往年生产数据对比分析，只评估污染物排放是否达标，这种做法得出的评估结果存在一定争议性，也往往受到验收专家的质疑，只是苦于目前没有更好的解决办法以及政府没有出台相关文件进行规范，验收时专家组大多给出模棱两可的建议。

（4）已实施清洁生产审核的重污染行业企业可持续性差

从近年来实施清洁生产审核的效果来看，经济效益和环境效益还是比较显著的，但是很多重污染行业企业的清洁生产并没有持续开展下去。原因是多方面的，一来企业高层对清洁生产的认识不够，二来企业实施的清洁生产方案的资金不足，三来被企业传统经验、惯性思维左右，四来政府针对企业开展持续清洁生产并未有明确政策、规定以及缺乏有效的监管等等。据了解，相当一部分重污染行业企业在清洁生产审核验收通过后，就又走回了老路子，改变不了管理缺位、资源浪费率高等粗放生产模式，这形同把开展清洁生产当作“走过场”，完全背离清洁生产宗旨。

（5）政府投入力度不够

虽然很多地方都已经建立了重污染行业企业的清洁生产激励机制，但政府投入力度依然与清洁生产作为污染预防主要手段的重要地位不相适宜。这具体表现在各地政府在清洁生产投入的财政费用不够，以及少作为甚至是无作为。政府建立了担保机制却未能有成效地担当起这个角色，对促进金融机构对清洁生产项目（尤其重污染行业里面的中小企业）的投资到目前为止并无大作为，然而企业对这方面的需求已是翘首以盼；企业在实施中、高费清洁生产方案时申请不到或不能及时拿到政府的财政补贴、贴息，或者奖励在办理过程中审批流程过长，手续麻烦。正是由于政府对清洁生产“喊声大”但相关政策跟不上，政府投入力度不够等原因，从整体上看，重污染行业企业自愿开展清洁生产工作热情骤减，同时也造成很多被各地政府点了名开展清洁生产审核的企业草草应付，并不见有很多很大成效地实施以“节能、降耗、减污、增效”为核心的技改项目。

（二）环保投资保障制度

1. 基本内涵

环保投入是环境保护事业发展的物质基础，其中，财政支持是开展环保工作的重要保障。近年来，我国环保投资总量增长较快，但环保投资需求与实际投入的资金缺口仍较大。近 20 年来，随着对环境保护工作的重视程度不断提升，国家对环境保护的投资也逐年攀升。比照国际经验，我国环保投资需求与实际投入的资金缺口仍较大。在环境保护的投入中，政府财政投入具有明确的政策导向和示范意义，私人部门的环保投资往往取决于政府财政支出的水平和力度。

通过政府的财政投入，可以创造有利条件，引导社会大量资金进入环境保护领域。政府财政支持还有利于建立环保工作监管体系，保证各方主体依法履行职责。因此，环境保护的财政支出对于环境保护工作的开展至关重要。为了能够给环保工作提供充分的资金保障所制定的制度即为环保投资保障制度。

2. 环保投资保障制度对重污染行业环境管理的意义分析

就我国现阶段重污染行业环境保护事业的发展来看，在今后相当长的一段时间内，我国重污染行业环保投入主要面临两大任务：一方面，要尽快解决环境欠账问题，如待审未批的环保工程项目款项资金落实不到位、环保资金挪作他用等；另一方面，为解决重污染行业环保事业建设提供进一步的财政支持，调整环保投资结构不合理之处。

第一，加大重污染行业财政环境保护投入是经济社会可持续发展的必然要求。第六次全国环保大会强调，要进一步增加环保投入，把环境保护投入作为公共财政支出的重点，保证环保投入增长幅度高于经济增长速度。重污染行业作为我国环境保护工作的重头戏，我国财政积极推进环境保护工作，特别是近年来加大了对环保的资金投入，加强了政策引导。要实现环境保护投入增长幅度不低于经济增长速度目标，贯彻落实科学发展观，促进经济社会可持续发展，当前，必须完善重污染行业环境保护财政政策，加大重污染行业财政环保投入力度。

第二，重污染行业环境保护投入缺乏有力的财政制度保障。重污染行业环境保护事业离不开国家财政的支持，目前我国环保投入主要依靠政府财政拨款，但政府财政中用于环保投入的部分在 GDP 的占比长期偏低。通过比较我国与其他 CCICED（中国环境与发展国际合作委员会）成员国在财政支出中用于环境保护支出部分可以看出，我国目前水平较其余国家还有差距，需逐步提高环保投入比重。特别是在重污染行业环境保护资金投入方面要狠下功夫。

3. 环保投资保障制度在重污染行业环境管理中存在问题分析

首先，我国的财政性环保投入，依旧是问题导向型的应急式投资，缺乏长期、持续、稳定的资金投入做支撑。分税制改革过程中，转移支付体系尚未完全建立，地方政府在履行公共服务职能中面临着巨大的财政压力，用于环境保护的资金缺乏有效的收入保障，地方政府财政面临较大的收支矛盾，导致地方政府无力维持地方财政环保投资的持续增长。对于重污染行业环境保护投入也存在这两方面问题。

其次，财政支出结构有待完善，应提高重污染行业的环保投入比重。目前，我国重污染行业环境污染问题严重，对于重污染行业的环境保护管理财政资金支持不足，将直接影响环境质量的改善，并且限制对社会环境保。

（三）污染物排放总量控制制度

1. 基本内涵

污染物排放总量控制是将某一控制区域作为一个完整的系统，采取一定的措施，将这一区域内的污染物排放总量控制在一定数量之内，以满足该区域的环境质量要求。污染物排放总量控制制度是指控制一定时间、区域内排放污染物总量的环境管理制度。

对污染物排放从单纯的浓度控制过渡到既控制浓度又控制总量的逐层

递进，反映出我国对环境资源认识的不断深化和污染控制力度的不断加大。从20世纪90年代后期至今，污染物排放总量控制已经成为环保领域的一出重头戏，并作为一种有效的环境管理手段在实践中广泛应用。

（1）存在形式

目前的污染物排放总量控制制度主要存在于政府及环保部门的行政政策、行政计划中，主要形式有总量控制计划、方案、目标等。

（2）具体实施方法

目前的具体做法主要是环境保护部在我国国民经济和社会发展计划实施期间制订出相应的污染物排放总量控制计划，如《“十二五”期间全国主要污染物排放总量控制计划》，经国务院批准后将污染物排放总量分解给各省（市、自治区），各省（市、自治区）再把总量逐级分配，直到落实到排污单位为止。环境保护部、国家统计局、国家发展和改革委员会定期对各省（市、自治区）执行情况进行考核和检查。各省（市、自治区）的相关部门也定期考核和检查排污单位，对完不成任务的给予处罚。

（3）污染物排放总量控制的主要内容

污染物排放总量控制是指在一定时间、一定空间条件下，对污染物排放总量的限制，其总量控制目标可以按环境容量确定，也可以将某一时段排放量作为控制基数，确定控制值。污染物排放总量控制的核心内容是确定某一范围，如一个城市、一个流域、一个功能区、一个行业的污染物允许排放总量和各排污单位污染物的允许排放总量。为制定和实现总量控制目标，需要进行总量控制因子的确定、总量控制基数的核定、总量控制目标的规划分配、总量的考核管理、总量控制方案的制定等工作。1996年，国家根据全国的实际情况，提出了三大类十二项污染物作为“九五”期间污染物总量控制因子，即废水污染因子：化学需氧量、石油类、氰化物、铅、镉、砷、汞六价铬；废气污染因子：二氧化硫、烟尘、工业粉尘；固体废物：工业固体废物。“十一五”国家提出主要污染控制因子，即废水污染因子：

化学需氧量；废气污染因子：二氧化硫。“十二五”主要污染控制因子，即废水污染因子：化学需氧量、氨氮；废气污染因子：二氧化硫、氮氧化物。

（4）总量控制的基本方法

按照总量控制目标的判定方法，总量控制主要有以下两种方法。

容量总量控制。按照受污染环境的保护目标和容量确定环境总量控制目标，并根据该目标规划分配污染源主要污染物总量控制目标。环境容量：在污染物浓度不超过环境标准或者基准的前提下，某地区所能允许的最大排放量。环境容量是一个变量，因地域的不同，时期的不同，环境要素不同以及环境质量要求的不同而不同。

目标总量控制时代。以某一时段主要污染物排放量为基数，规划分配总量控制目标。我国从“九五”到现在实施的是目标总量控制。比如：2013 年国家确定的主要污染物总量控制目标是，与 2012 年相比，化学需氧量、二氧化硫排放量分别减少 2%，氨氮排放量减少 2.5%，氮氧化物排放量减少 3%。

2. 污染物排放总量控制制度对重污染行业环境管理的意义分析

实施污染物总量控制，将促进结构优化、技术进步和资源节约，有利于实现环境资源的合理配置，有利于贯彻国家产业政策，有利于提高治理污染的积极性，有利于推动经济增长方式的根本转变，完善重污染行业环境管理制度。污染物总量控制的实施，有可能成为我国环境与发展的有力结合点。

污染物排放总量控制制度的实施，可以表明我国政府保护环境的决心，有利于对外开放。与浓度控制比较，总量控制有以下几点意义：

（1）污染物排放总量控制着眼于生产的全过程，把生产工艺污染治理同排污结合起来，可将污染物的流失总量具体到参与生产活动的每一工序、工段、岗位和个人，从而把环境效益与企业、个人的经济利益联系起来，更能体现以防为主、防治结合的环境管理对策。

（2）污染物排放总量控制比浓度控制更能真实地反映污染物进入环境的实际情况，把污染物的排放与其对环境质量的影响及生态平衡的破坏结合起来。由于总量控制是以改善区域环境质量为目标，实行总量控制更便于环境管理部门对所管辖区域进行客观有效的环境管理。

（3）污染物排放总量控制不仅考虑到污染物的排放浓度也考虑到污染物载体的量。实行总量控制，对节约水资源、能源也有重要意义。在实行浓度控制时，有少数企业，为了达到降低浓度不交排污费的目的，不惜用大量清洁水，对污水进行稀释，既浪费了宝贵的水资源，污染物的总量也未减少，而实行总量控制则可杜绝这一弊病。

3. 污染物排放总量控制制度在重污染行业环境管理中存在问题分析

排污总量控制制度的实施，对提高污染防治水平、促进产业结构调整、减缓生态环境恶化起到了一定的积极作用。但由于一些制约因素的影响，总量控制制度在具体实施过程中，仍然存在着一些问题，主要表现在以下几方面：

（1）实施范围太小，影响了总量控制的权威性

目前总量控制实施对象主要是工业污染源，而对日益严重的生活污染、农业源污染重视不够，约束力较小。在工业污染控制中，仅有少数重污染企业及新污染源按要求规范化设置排污口，建设了在线监测仪和远程监控设备，而大部分企业没有上述设施设备，环保部门无法获得污染物治理和排放全面而准确的信息，因而也就不能明确区域排污总量。只能通过几次抽样检查或调查，估算或推算出排污总量，总量控制的完成往往被概念化，缺乏权威性。

（2）环境容量的不稳定性，影响了总量控制的指导性

由于环境容量会受到多方面因素的影响，诸如季节变化、气温变化、地质地貌等，呈现出动态的、变化的特点；而总量控制计划是固定的、量化的，因此与环境容量之间无法形成稳定的量化关系，削弱了总量控制体

系的指导性。

（3）基础性工作不到位，影响了总量控制的实效性

污染物总量控制建立在排污许可证制度基础上，其实施成效在一定程度上依赖于许可证制度的实施情况。但在一些地方，排污许可证制度执行率不高，区域排污总量的核定缺少基础数据，成为无源之水，大大影响了总量控制制度的实效性。

（4）缺少相关法律法规，影响了总量控制的可操作性

虽然在一些环保法律法规中已体现了总量控制的思想，将其定为环保法律制度。但目前，未对总量控制系统进行全面、详细的立法，未从法律角度对其相应的政策、制度、奖惩等做出明确而严格的规定，总量控制制度缺乏具体可操作性。

（四）排污权交易制度

排污权交易起源于美国。美国经济学家戴尔斯于1968年最先提出了排污权交易的理论。面对二氧化硫污染日益严重的现实，美国联邦环保局（EPA）为解决通过新建企业发展经济与环保之间的矛盾，在实现《清洁空气法》所规定的空气质量目标时提出了排污权交易的设想，引入了“排放减少信用”这一概念，并围绕排放减少信用从1977年开始先后制定了一系列政策法规，允许不同工厂之间转让和交换排污削减量，这也为企业针对如何进行费用最小的污染削减提供了新的选择。而后德国、英国、澳大利亚等国家相继实行了排污权交易的实践。

1. 基本内涵

所谓排污权交易是指在污染物排放总量控制指标确定的条件下，利用市场机制，建立合法的污染物排放权利即排污权，并允许这种权利像商品那样被买入和卖出，以此来进行污染物的排放控制，从而达到减少排放量、保护环境的目的。排污权交易的主要思想是建立合法的污染物排放权利（这种权利通常以排污许可证的形式表现），以此对污染物的排放进行控制。

它是政府用法律制度将环境使用这一经济权利与市场交易机制相结合，使政府这只有形之手和市场这只无形之手紧密结合来控制环境污染的一种较为有效的手段。这一制度的实施，是在污染物排放总量控制前提下，为激励污染物排放量的削减，排污权交易双方利用市场机制及环境资源的特殊性，在环保主管部门的监督管理下，通过交易实现低成本治理污染。该制度的确立使污染物排放在某一范围内具有合法权利，容许这种权利像商品那样自由交易。在污染源治理存在成本差异的情况下，治理成本较低的企业可以采取措施以减少污染物的排放，剩余的排污权可以出售给那些污染治理成本较高的企业。市场交易使排污权从治理成本低的污染者流向治理成本高的污染者，这就会迫使污染者为追求盈利而降低治理成本，进而设法减少污染。

（1）治理手段

污染的治理主要有政府行政手段和市场经济手段。由政府征收排污费的制度安排是一种非市场化的配额交易。交易的一方是具有强制力的政府，另一方是企业。在这种制度下，政府始终处于主动地位，制定排放标准并强制征收排污费，但它不是排污和治污的主体，企业虽是排污和治污的主体，却处于被动地位。由于只有管制没有激励，只要不超过政府规定的污染排放标准，就不会主动地进一步治污和减排。而排污权交易作为以市场为基础的经济制度安排却不同，它对企业的经济激励在于排污权的卖出方由于超量减排而使排污权剩余，之后通过出售剩余排污权获得经济回报，这实质是市场对企业环保行为的补偿。买方由于新增排污权不得不付出代价，其支出的费用实质上是环境污染的代价。排污权交易制度的意义在于它可使企业为自身的利益提高治污的积极性，使污染总量控制目标真正得以实现。这样。治污就从政府的强制行为变为企业自觉的市场行为，其交易也从政府与企业行政交易变成市场的经济交易。可以说排污权交易制度不失为实行总量控制的有效手段。

（2）前提条件

排污权交易的前提条件是排放总量控制。环境容量是指在人类生存和自然状态不受危害的前提下，某一环境所能容纳的某种污染物的最大负荷量。我们允许一定量的排污，是因为现实中的任何生产和消费活动不可能实现污染的零排放。但这种允许必须加以量化，而且需要有一定富余的环境容量。如果该区域的环境容量已呈饱和状态，就不会有排污权剩余，更不会有排污权交易。

2. 排污权交易制度对重污染行业环境管理的意义分析

合理设置、确立并建设排污权交易市场制度，是推动我国大气污染和水污染防治工作可持续发展的重要途径，今后我国水和大气的环境保护能否取得更大的成效取决于是否形成真正意义的排污权交易市场。概括起来，在我国确立排污权交易制度的意义如下：

（1）排污权交易较好地协调了经济发展与环境保护的矛盾

采用行政命令的方式硬性规定企业治理污染、削减排污量，或硬性规定不准新建、扩建、改建企业以防止增加环境中污染物浓度，往往会束缚地区经济的发展。而排污权交易计划的实施精简了对新污染源的审查程序，为新建、扩建、改建企业提供了出路，较好地协调了经济发展与环境保护的矛盾。

（2）排污权交易可充分发挥政府及企业的作用

排污权交易制度是发挥政府环境管理部门和排污企业这两个方面作用的一种有效方式。在控制环境污染的过程中，主要有两类参与者：一是政府环境管理部门，其主要职责是依法制定管理规则并实施管理规则；二是污染源单位和个人，其主要责任是采取措施防治污染。传统的做法是，政府环境管理部门为污染源制定排放标准、分配治理责任，这种方式称之为“指令控制方式”。“指令控制方式”在防治环境污染方面曾经发挥过重要作用，其主要问题是能力与责任不协调：政府环境管理部门鼓励费用效果好地划分治理责任，但是缺乏完成这项任务所需的信息；企业经理掌握提高费用效果选择最有价值的信息，但是他们既不愿意主动承担提高费用效果的责任，也不愿意向管理当局提供真实的费用信息，以便政府环境管理部门能高效益地分配治理责任。由于上述原因，通过“指令控制方式”划分治理责任不可能实现费用效果的提高。

通过排污权交易这种方式，可以发挥政府环境管理部门和排污企业这两个方面的作用，使防治污染活动的各参加者扮演自己最擅长的角色，解决了指令控制方式所造成的信息与动机之间的矛盾，极大地调动排污企业选择有利于自身发展的方式以削减排污总量的积极性；各污染源单位和个人注意降低自己的污染治理费用，政府环境管理部门注意控制排污权交易使之与满足排污标准的目标相一致，最终降低了所有污染源即整个社会治理污染的费用。

（3）排污权交易提高污染治理效益

排污权交易可以提高分配治理费用的效益，节省减少排污量的费用，从而使社会总体削减排污费用大规模下降。实现排污权交易的途径是建立可转让的排污许可市场，通过可转让的排污许可市场可以提高分配治理费用的效益。其道理是，由于污染源单位防治污染的费用千差万别，如果“排放减少信用”可以转让，那些治理费用最低的工厂，就愿意通过治理大幅度地减少排污，然后通过卖出多余的“排放减少信用”而受益。只要安装更多的治理设备比购买“排放减少信用”花钱更多，某些工厂就愿意购买“排放减少信用”。只要治理责任费用效果的分配未达到最佳状态，交易机会总会存在。当所有的机会都得到充分利用，分配的费用效果就达到最佳程度。在排污权交易市场上，排污者从其利益出发自主决定或者自己治理污染，或者买入或卖出排污权。只要污染源单位（或排放污染物的企业）之间存在着污染治理成本的差异，排污权交易就可使交易双方都受益，即治理成本低于交易价格的企业会把削减剩余的排污权用于出售，而治理成本高于交易价格的企业会通过购买排污权实现少削减、多排放。由于市场交易使排污权从治理成本低的污染者流向治理成本高的污染者，结果是社会以最低成本实现了污染物的削减，环境容量资源实现了高效率的配置。排污权交易政策不仅有效地保证了环境控制目标的实现，而且节省了减排费用。

3. 排污权交易制度在重污染行业环境管理中存在问题分析

我国排污权交易制度的酝酿工作可追溯到1988年开始的排污许可证制度试点。1993年国家环保局开始探索大气排污权交易政策的实施，并以太原、包头等多个城市作为试点。1999年，中美两国环保局签署协议，以江苏南通和辽宁本溪两地作为最早的试点基地，在中国开展"运用市场机制减少二氧化硫排放研究"的合作项目。在本溪的试点中，双方草拟了《本溪市大气污染物排放总量控制管理条例》，该条例将排污权交易作为实现总量控制的重要手段，明确规定了排放监测、申报登记、许可证分配和超额排放处罚等重要内容。2001年南通天生港发电公司与南通另一家大型化工公司进行了二氧化硫排污权交易。这是我国第一例二氧化硫排污权交易。2002年7月，国家环保总局召开山东、山西、江苏等"二氧化硫排放交易"七省市试点会议，进一步研究部署进行排污权交易试点工作的具体步骤和实施方案。2004年，南通市环保局经过研究和协调，审核确认由泰尔特公司将排污指标剩余量出售给亚点毛巾厂，转让期限为3年，每吨COD交易价格为1000元。这是中国首例成功的水污染物排放权交易。实践表明，排污权交易制度作为一种以发挥市场机制作用为特点的新型环境经济政策，能够有效地控制环境污染，起到了节省治理费用、保护环境质量的作用。但是，由于排污权交易在我国实施不久，还存在许多亟待解决的问题。

（1）相关立法不健全

只形成了防治污染的几部法规，如《大气污染防治法》《水污染防治法》，缺乏完善的法律体系来保障排污权交易的实施。现有法规对排污总量控制及排污许可证制度做了相应的规定，但并没有对与法规相配套的排污权交易制度做出严格的规定。所以，我国排污权交易缺乏规范、可操作性强的法律。排污权交易的实施是一个系统工程，它涉及大量的立法工作，需要环保和立法部门进行协调。从选定污染控制项目、确定污染排放总量、许可证的发放等都需要完善的法律来保证。中国排污权交易制度的完善路程还很遥远。

（2）难以实现排污量和交易量的准确监测

排污权交易实施的前提是对企业排污量的准确监测，它涉及如何科学、准确、公平、合理监测的问题。为确保这一制度的有效实施，首先要确定排污企业的实际排污量。美、德等发达国家早已完善其环境或排污监测系统，但我国对企业的排污检测还不到位，排污指标也没有完全建立起来，更没有建立起配套的监测机制。在我国，目前监测和管理水平较低，尚存在执法不公平的情况下，公平合理监测还难以做到。

（3）实施的困难很大

排污权的交易费用偏高，实施程序复杂，操作难度大。排污权交易的交易费用主要包括寻求交易的基础信息费用、谈判与决策费用等。我国乡镇企业数量多、规模小且分散，造成的污染占全国工业污染物排放总量半数之多。这造成了我国排污权交易市场的基础信息寻求费用高，环保部门监测与执行费用高，而且存在交易逐案谈判的现象。这些都加大了交易成本，影响厂商交易的积极性，进而影响整个排污权交易，妨碍排污权交易制度的实施和作用的发挥。虽然我国已在多个城市实施排污权交易试点，并聘请美国环保局专家来中国进行指导，但是由于排污权交易市场繁杂，规则与程序的操作难度高，加之我国尚缺乏高素质的专业人员，使排污权交易难以有效实施和推广。

（4）政府监管不力

造排污被罚成本低，造成企业偷排废物。2003 年国家环保总局暗访发现某大型企业偷排超标废水，仅2002年就偷漏排污费1000万元，而罚款的数额极其有限。该企业投入115亿元建设的污水治理设备闲置不用。不少企业的污染处理设施仅仅是应付检查的道具，检查团一走立即停止运行。我国对环境违法者的制裁一般是责令停工、限期整改。低额罚款对于大型企业起不到威慑作用。违法排污成本低是造成这企业偷排污的主要原因。另外，监测设备不能提供有效数据，企业购买排污权的数量没有依据。例如，火电厂作为二氧化硫的重点排放企业，近年来，我国有180家火电厂安装了近400套烟气排放连续监测装置，但目前运行正常的只占20%，80%因质量问题间断运行或不能运行。这是由于在购买设备时，排污费申请使用与指定产品挂钩，用户根本不过问产品的质量、功能，只要安装上就行。此外购买监测设备时还存在招投标不规范的现象。政府监管不力，监管指标量化不准确，因而造成企业随意排污。

（5）地方保护主义严重

我国一些跨地区的排污权交易中，地方政府官员为保护本地利益强行介入交易过程，用行政命令禁止排污权指标转让给其他地区，严重影响了排污交易权在全国范围内的交易，使本来就不发达的排污权交易难以发展。一些地方环保部门操纵排污权交易的全过程，以行政命令代替市场运作。政府过多干预影响了排污权交易的公平、公正、公开进行。

第二节　新环保法对重污染行业环境管理的影响分析

2014年4月24日，第十二届全国人大常委会第八次会议审议通过《环境保护法（修订草案）》（以下称新环保法）。因为新环保法规定了更严格的法律条款和执法手段，因此，舆论对新环保法予以积极肯定，称之为“史上最严环保法”。“史上最严环保法”正式出台，接下来的关键问题是要有“史上最严”的执法手段，尤其是对于重污染行业，更是需要一套最严格的环境保护管理制度与其匹配，否则，新环保法只能停留在纸上，对加强和改进重污染行业企业的环境保护没有实际意义。

此次环保法修订内容主要包括加强环境保护宣传，提高公民环保意识；明确生态保护红线；对雾霾等大气污染的治理和应对；明确环境监察机构的法律地位；完善行政强制措施；鼓励和组织环境质量对公众健康影响的研究；排污费和环境保护税的衔接；完善区域限批制度；完善排污许可管理制度；对相关举报人的保护；扩大环境公益诉讼的主体；加大环境违法责任等十二个方面。

业内人士分析，环保法修订案的通过对整个重污染行业影响较大。短期来看，中小型重污染企业受此影响明显，对于环保不达标的企业或责令整改，或直接“封停”；长期来看，有利于整体重污染行业朝向节能、绿色环保、高新产业发展方向。同时，如环保法严格落实，在化工、氯碱、塑料、电石等重污染行业将因为环保因素的影响，其市场供给将会减少。

以下将具体分析新环保法对重污染行业的影响。

（一）治污成绩成评估指标，政府环保管理责任加强

雾霾天给公众健康带来严重威胁。为此，新环保法规定，国家建立健全环境与健康监测、调查和风险评估制度；鼓励和组织开展环境质量对公众健康影响的研究，采取措施预防和控制与环境污染有关的疾病。新环保法强化了政府责任，将政府责任拓展到“监督管理”层面，治污成绩也将作为地方官员评估指标之一。为此，政府将会重视地方的环境保护工作，自觉加强对本辖区重污染行业企业的环境保护监督管理。

（二）环保监管的加强，企业环保意识提高

传统的环境保护以1989年《环保法》为典型，它的环境监管是以点源为基准，一个个企业去监管，现在25年过去了，我们现在的环境污染是区域性、流域性的，包括农村的面源污染。《环保法》修改，产生了一些流域、区域的调整方法，比如对农业的面源污染、大气雾霾、水流域污染专门做出了规定，水和大气的联防联控机制，对节约水进行了专门的调整。

监管手段出硬招，比如说查封、扣押全有了。此次《环境保护法》对违法排污这些设备，规定了可以掌控可以查收，这些措施有利于查封违法行为。

还有行政代执行，如果让你治理污染你不治理的，我找人给你治理，费用你承担，这种硬招是比较多的。对于那些环境违法的企业，我们可以采取综合性调控手段，比如你是个超标排污企业，国土部门审批的时候不给你土地，你想扩大规模不给你土地，你的产品想出口不给你配额，你想上市不给你上市，你已经上市了，你想融资不给你，比如不给你供水，不给你供电。监管措施是非常强的，有利于重污染行业企业意识到环境保护的重要性，自觉开展绿色生产和清洁生产。

（三）信息公开制度与公众参与力度的加强

这次《环保法》修订有个很重大的特点，原来是分为准则、环境保护监督管理、保护和改善环境、防治污染和其他公害，还有法律责任，负责，总共六章，这次修改为七章，法律责任之前专门设立了一章是信息公开和公众参与，专门让老百姓去参与环境保护，监督环境保护工作。

《环保法》真正设立信息公开和公众参与，信息公开和公众参与就是为了保护公民的参与环境保护权，我们已经有了一定实际意义上的参与环境权了，比如公民可以提起公益诉讼，这也是环境权有序保障的形式，所以民主性是很强的。

这次有很重大的创新，让政府接受人大的监督，政府不仅接受NGO的监督还接受人大的监督，一年一次到两次，到人大或常委会汇报环境保护工作，人大可以进行批评，所以民主参与和民主监督的色彩是很厉害的。

（四）重污染行业企业的环保的法律责任更加严厉

新环保法对重污染行业企业的环境违法的惩罚很多是非常严厉的，比如拘留。对重污染行业企业执行行政拘留有以下四种情况：没有环境保护评价就要拘留，你偷排污染物拘留，你如果伪造、造假也要拘留，包括瞒报、谎报数据也采取拘留的形式。惩治力度的加大使重污染行业企业自觉履行环境保护责任。

第五章　重污染行业最严格环境管理制度制定对策和建议

第一节　重污染行业最严格环境管理制度的设计原则

最严格的环境保护制度相对于过去的环境保护制度，其内涵是：为应对环境污染与生态破坏严峻形势，在原有环境保护制度的基础上，在污染产生、转移或扩散、治理等全过程中严把保护关，在大力强化环境保护监督管理的同时，建立健全生态环境保护责任追究和环境损害赔偿等制度，从而实现污染持续下降、生态持续改善。其设计应遵循以下几个原则：

（一）实效性原则

一方面，经济社会发展会对环境质量产生一系列破坏；另一方面，人类社会文明发展对环境质量提出了更高的要求。最严格的环境保护制度也正是在解决这种矛盾的过程中被提出的。正因如此，最严格的环境保护制度从产生开始就是和社会经济发展、环境质量变化分不开的，其制度本身具有极强的实效性。

（二）可操作性原则

在制定最严格的环境保护制度过程中，在设定各项内容的基础上，将工作内容逐条分解，力求具有较强的可操作性。在制度的制定过程中，以环境保护的“老三项”和“新五项”为基础，从政府管理制度、行业自我管理制度和公众参与管理制度三个层面，以行业审批准入制度、污染物排放管理制度、清洁生产审核制度、行业淘汰机制、信息公开及监督机制为制度的依托，提出并完善这些制度的不足，制定确实可行的最严格的环境保护制度。

（三）动态性原则

从空间层面上来说，最严格的环境保护制度不应该是全面趋同的。在具体要求和实施中，充分考虑不同区域、流域经济社会发展阶段和环境管理支撑能力的差异性，“一刀切”的方法不太利于制度的执行；从时间维度上来说，最严格的环境保护制度不是一成不变的制度。随着地区经济社会发展、环境质量变化以及环境管理需求的不断调整，最严格的环境保护制度也会应时而调，在充分体现时效性中，阶段性地调整和发展。

第二节　重污染行业最严格环境管理制度逻辑框架图

本书以八项基本制度和清洁生产审核制度等为基础，结合上面分析得出的具体存在的问题和改进对策，从环境准入、建设审批、企业监管、污染物治理与排放等环节入手，围绕行业审批准入制度、污染物排放管理制度、清洁生产审核制度、行业淘汰机制、信息公开及监督机制、行业自我规制、企业督查员制度、公众参与等制度等补充更新完善制度体系，弥补缺失，加强制度保障，形成环境管理制度逻辑框架图。（见图 1）

以下将会围绕完善制度进行逐一解析，包括每项制度功能、对象、标准、实施主体、监督主体等基本要素以及其他城市实践经验、执行办法和相关标准。

第三节　重污染行业环境管理制度构架的构建

一、政府管理制度改进对策分析

（一）行业审批准入制度改进对策分析

行业审批准入制度是预防环境污染和生态破坏的第一道防线，其功能是从源头控制重污染行业污染的重要管理制度，该制度的对象是重污染行业企业或重污染工业项目建设单位、施工单位，其实施主体是政府环保部门，监督主体是重污染行业企业或重污染工业项目建设单位、施工单位。在重污染行业最严格环境管理制度中，其具体内涵包括以下 7 项内容。

第一，重污染行业工业项目应符合国家产业政策和行业准入条件，不得采用淘汰或禁止使用的原料、工艺、技术和设备。异地搬迁及新建重污染行业工业项目清洁生产水平不得低于国家清洁生产标准的国内先进水平，单位产品污染物排放强度应低于行业平均水平；改扩建重污染行业项目必须满足总量控制要求，努力实现“增产不增污或增产减污”要求。

第二，重污染行业工业项目选址应符合产业发展规划、城市总体规划、土地利用规划、生态保护规划等相关规划，依据实际情况制定不得新建化工项目的范围；新建重污染行业工业项目原则上应进入经合法批准成立的开发区或工业园，避免分散布局（对用地有特殊要求的除外）。重污染行业工业园区必须经规划环评审查并配套建设环保基础设施，有条件的工业园区都应推行集中供热或使用清洁能源。

第三，环保基础设施不能同步配套的园区不得引进重污染行业工业项目。未规划配套污水收集管网、污水不能经集中处理或按要求处理达标、尾水去向不合理的地块，一般不应用于重污染行业开发；因特殊原因确需建设的必须按规定配套建设符合要求的污水处理设施。污水排入江河的应经处理达到相应的国家或地方排放标准后方可排放。严格限制重污染行业工业污水处理后的尾水排入湖泊等封闭水体。

第四，自然保护区、风景名胜区、现有及规划的住宅区内不得新建重污染行业工业项目；依据实际情况制定不得新、改、扩建有污染的重污染行业工业项目的范围。禁止饮用水水源保护区范围内以及城市重点保护湖泊周边建设污染水环境的重污染行业生产性项目；严格限制建设可能对饮用水源带来安全隐患的化工、造纸、印染、电镀等重污染行业工业项目，

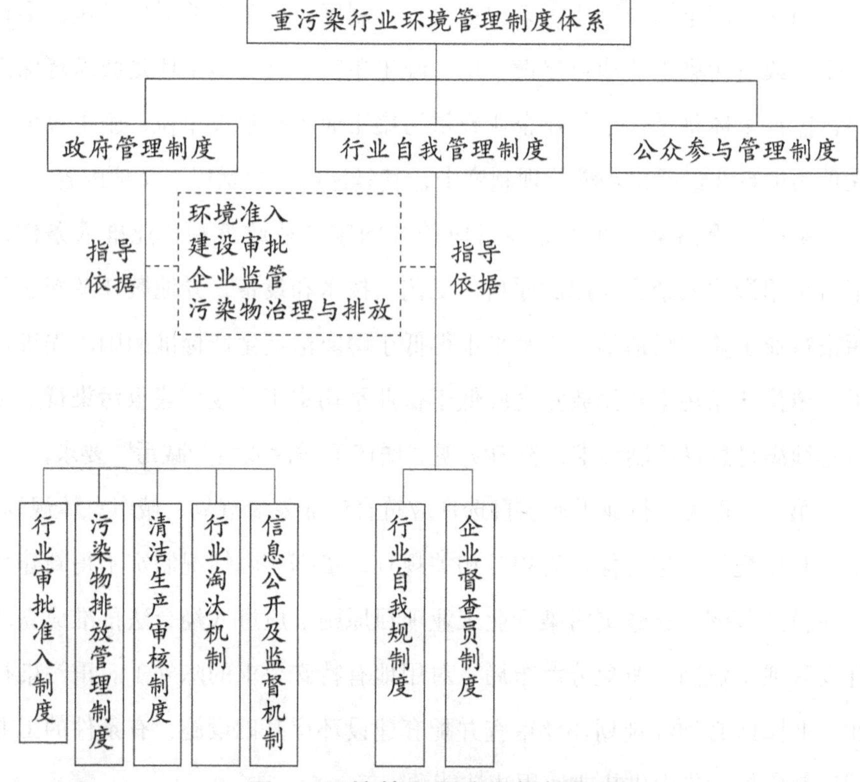

图 1　环境管理制度逻辑框架图

禁止建设可能排放剧毒物质以及持久性有机污染物的重污染行业工业项目。

第五，新增排污量的重污染行业工业项目必须落实污染物排放总量指标来源，不得影响区域污染物总量减排计划的完成。环境质量不能达标的区域，以及未按要求完成污染物总量削减任务的企业、流域和区域，严格限制建设新增相应污染物排放量的重污染行业工业项目。

第六，重污染行业工业项目应根据其排放的污染物性质与周围环境敏感建筑保持一定的防护间距，其具体的卫生防护距离由环境影响评价文件确定并应抄告相关部门。卫生防护距离内的环境敏感目标应当拆迁，而无法拆迁到位的项目不得进行试生产和验收。

第七，对不符合本规定的重污染行业工业项目，环保部门不得批准其建设项目环境影响评价文件，必要时可将不予批准的意见书面通报相关规划、国土房产、投资、建设管理等行政主管部门和金融机构。

在行业审批准入制度执行办法和相关标准建设方面，在以下三方面需要相关执行办法和标准加以完善。第一，在规范环评审批程序方面。需要加强环境影响评价管理工作，制定重污染项目环境影响评价文件审批程序的规定及审批内部审查程序的规定；第二，需要进一步完善“三同时”监管制度。制定“三同时”日常监督检查和竣工环保验收管理的规程，全面规范“三同时”监管验收程序、日常监督检查机制和奖惩措施；第三，需要加快健全规划环评管理制度。在全面落实《规划环评条例》的基础上，需要结合国情、省情、市情制定符合地方实际的规划环评审查工作细则。

该制度在浙江省实施过程中效果显著，浙江省环保厅积极推进行业审批准入制度体系建设，构建了“三位一体”环境准入制度和“两评结合”的环境决策咨询制度体系。“三位一体”，即以生态环境功能区规划为依据、以规划环评为载体、以项目环评为重点，全面强化空间、总量和项目的环境准入。空间准入方面，重点落实主体功能区规划要求，全面制定实施市县生态环境功能区规划，实行差别化的区域开发和环境管理政策。总量准入方面，以强化规划环评为重点，积极研究制定区域或行业领域落实污染减排的政策措施，不断强化规划环评制度在严格区域和行业总量准入方面的作用。项目准入方面，通过实行污染物总量替代削减、完善重污染行业环境准入条件、实施区域限批、强化环评审批管理等一系列措施，全面加强项目环境准入。制定实施“以新带老”“增产减污”和“区域削减替代”的政策制度，并根据环境功能区达标情况和行业污染强度确定不同的削减替代比例。先后制定了印染、造纸、化学原料药、农药、电镀、生猪养殖、染料、酿造、热电等9个重点污染行业的环境准入条件。先后对下沙经济开发区、绍兴县印染行业、富阳市造纸行业等实施了“区域限批”措施，有力促进区域环境污染整治和环保基础设施建设。“两评结合”，一是专家评估，即充分发挥专家在环评审批过程中的技术咨询、技术把关作用，不断提高环评的科学性、合理性。二是公众全程监督，按照“公开透明”的要求，强化环评信息公开，健全公众参与评价和问责机制，提升环评审批的科学性和公正性。其次还进一步规范建设项目环评审批和环保验收程序，总之该制度在浙江省运行中取得了良好的成效。

（二）污染物排放管理制度改进对策分析

建立重污染行业污染物排放管理制度旨在规范重污染行业污染物排放标准，严格企业达标排放，实现总量控制目标，并有计划地削减排污总量。

污染物排放管理制度建立在污染物排放许可证管理制度、总量控制制度、限期治理制度等环境制度的基础上，按照排污管理规定，排污单位在排污之前，首先得进行排污申报，拿到排污许可证之后才能进行相应排污，持证排污期间还得接受环保行政主管部门的监督，一旦发现造成严重环境污染的，必须限期治理，违反排污管理规定的必须承担相应的法律责任，对于重点污染企业，更应当实行实时监控。

另外，还应当推广排污权交易制度，通过市场机制将外部性问题内部化，将污染治理和企业收益联系起来，形成有效的激励约束机制，通过激励作用使得有能力降低污染的企业发挥自己的比较优势，达到激励企业降低排污量的目的，并降低社会总的排污水平，实现环境效益。虽然国家在各个省市渐渐展开排污交易试点工作，甚至部分地区也已全面展开排污交易，然而，至今还没有制定出全国统一的关于排污权交易的法规。国家现行的《大气污染防治法》《水污染防治法》等虽已提到了排污总量控制及排污许可证制度，但尚无相配套的排污权交易制度。各地方根据当地条件分别制定了一些区域性的排污权交易条例，但这些条例都是地方性法规。另外，对排污权交易的监督、执法也是一个相当突出的问题。

下面以重庆市为例加以说明：

除依据国家颁发的《排污许可证管理条例》《排污费征收使用管理条例》《排污费征收标准管理办法》等法律法规及规定的各项污染物排放标准外，

重庆市还因地制宜，专门针对污染物排放制定了《污染物排放管理》《重庆市建设项目主要污染物排放总量指标管理办法》《重庆主要污染物排放权交易管理暂行办法》及一些重点污染物排放相关标准。

值得一提的是重庆的排污权交易。早在2009年，重庆市政府通过了《重庆市主要污染物排放权交易试点方案》，《方案》要求，主要污染物排放权无论采取挂牌转让还是协商转让，一律在重庆联合产权交易所进行。交易完成后，交易双方凭重庆联交所出具的鉴证书到主管部门办理《排污许可证》变更登记手续。重庆在建立环境资源有偿使用的市场调节机制，改革主要污染物排放权分配和使用方式上迈出一大步，排污交易成效较为显著。

（三）清洁生产审核制度改进对策分析

为进一步推进重污染企业实施清洁生产，提高企业清洁生产水平，在《清洁生产审核暂行办法》的基础上，需要进一步巩固和完善清洁生产审核制度。

清洁生产审核应当以企业为主体，遵循企业自愿审核与国家强制审核相结合、企业自主审核与外部协助审核相结合的原则，因地制宜、有序开展、注重实效。国家鼓励企业自愿开展清洁生产审核，同时也在扩大实施强制性清洁生产审核的企业范围。企业外部协助审核主要是针对不具备独立开展清洁生产审核能力的企业，这些企业可以委托行业协会、清洁生产中心、工程咨询单位等咨询服务机构协助开展清洁生产审核。

清洁生产审核制度监督主体主要是有管辖权的发展改革（经济贸易）行政主管部门和环境保护行政主管部门；另外，社会公众也应当积极加入到清洁生产审核中来，成为审核社会监督主体，对媒体公布的企业审核结果进行监督；最后，清洁生产审核制度监督主体还应包括企业本身，企业内部加强日常管理自我监督。

清洁生产审核制度相关执行办法与标准主要有：

国家发改委同原环保总局制定的《清洁生产审核暂行办法》、各省市自己制定的《清洁生产审核实施细则》及《清洁生产企业验收办法》。

在清洁生产评价体系方面，有关部门制定了《清洁生产评价指标体系编制通则》，根据《关于深入推进重点企业清洁生产的通知》（环发〔2010〕54号）要求，应当尽快全面制定并且发布重污染行业的清洁生产评价指标体系，组织编制清洁生产技术指南和审核指南，在重污染行业和企业实施清洁生产评价工作。国家发改委、环境保护部将会同有关部门按照统一体系、统一规范、统一要求的原则，梳理各部门已经发布的清洁生产评价指标体系、标准和水平评价指标体系，各部门不再单独制定和发布清洁生产相关标准。

另外，国家发改委、环境保护部应当会同有关部门加快制定《清洁生产审核机构管理办法》《清洁生产审核评估验收管理办法》《国家清洁生产专家库管理办法》等配套规章，进一步加强和完善清洁生产审核管理。

（四）行业淘汰机制改进对策分析

我国正在加快重污染行业退出机制，逐步分期淘汰能耗高、排污量大、产品附加值相对较低的重污染企业，以实现有效促进经济增长方式的转变和产业结构的优化，解决好产业发展需求和城市资源、环境之间日益突出的矛盾，顺应产业发展从劳动密集型向资本、技术密集型转变的趋势。

然而，建立重污染行业淘汰机制并不是一个简答的问题。“十一五”期间，我国淘汰了大量的落后产能、关闭了大量的重污染企业，这曾经被当作产业结构调整和环境保护的一大业绩，然而，我们却忽视了我们付出的社会代价。无论是以牺牲环境来发展，还是牺牲发展来保护环境，顾此失彼都是不完善的，我们追求的是双赢。所以，在建立重污染行业淘汰机制的过程中，我们应当做出更加严格、明确、细致的规定：

一是国家要从产业调整和环境保护的大局出发，开展深入的调查研究，摸清严重污染企业的底数，制定淘汰严重污染企业的规划，把规划落实到年度国民经济发展计划之中，安排专项补偿基金。

二是根据预防为主的原则，建立“事先告知制度”，让淘汰严重污染企业的规划与企业“见面”，要在企业知情的前提下，让企业有足够的时间，处理好有关债权债务问题、经济合同问题、库存原材料问题等，确保污染企业能够比较平稳地退出，减轻社会代价，保护投资者的利益。

三是给企业转型、转产、升级或调整生产经营范围留出足够的时间，如两年或三年的时间，到期不能达标的可以依法关闭。

四是对通过技术改造、转产、搬迁解决环境问题的企业，国家和地方政府要制定优惠政策，落实补偿资金，为其顺利改造、转产、升级创造条件。

五是严格准入条件和准入监管，提高企业环境保护条件的准入门槛，不得批准淘汰企业的新建项目，对于私自开工建设的非法企业要及时发现、及时制止，避免淘汰企业卷土重来，对于违规批准或监管不作为的政府部门要严厉追责。

六是对享受政策支持的企业而没有解决环境问题的、对领取补偿费用又没有按时退出的企业、对已经退出的设备和技术又私自转移到其他地方的，也要依法给予严厉制裁。

重污染行业退出机制是一个循序渐进的过程，先关闭谁后关闭谁，如何衡量？这就涉及一个尺度问题。许多省市选择根据污染程度，实行重污染行业末位淘汰机制，如山西。山西省根据省委、省政府《关于实施行业结构调整的意见》和《山西省行业结构调整实施办法》的有关要求，针对山西省污染状况，本着立足现实、逐步推进的原则，末位淘汰制先在重点行业实施，然后拓展到重点城市、重点景区、重点区域。按照规定，重污染行业企业的生产工艺和设施，如通过治理改造污染物排放仍达不到规定标准的，要按照其污染物排放量、能耗、物耗等绩效状况，在本地区同行业内进行年终考核，实行末位淘汰，先关掉污染最严重、对人民群众身体健康危害最大的生产设施。实行末位淘汰的企业包括两部分：一是列入国家和省取缔、关闭、淘汰名录的企业（设施）而尚未取缔、关闭、淘汰的；二是虽然未被列入名录，但对当地环境造成严重污染的企业。实行后，各大企业积极努力完成达标治理任务，重点地区环境质量明显改善，成效显著。

（五）信息公开及监督机制改进对策分析

环境信息公开即每个公民对行政机关所持有的环境信息拥有适当的获得利用的权利。狭义的环境信息公开仅指政府的环境信息公开，而广义的环境信息公开还包括企业的环境信息公开，是指依据和尊重公众知情权，政府和企业以及其他社会行为主体向公众通报和公开各自的环境行为以利于公众参与和监督。我国的环境信息公开包括政府环境信息公开和企业环境信息公开两部分。环境信息公开有利于公民获取环境信息，是环境法的基本原则之一，也是公众参与原则的一个重要组成部分，因此建立环境信息公开及监督机制就显得至关重要。

但是我国目前的环境信息公开及监督机制还不健全。在具体操作中，对国家秘密、商业秘密的保护往往成为环保部门和企业不公开环境信息的借口；环境信息的公开不够及时；环境信息公开没有常态化，不能使环境信息公开常态化，就不可能形成运行有效的环境信息公开制度；监督机制不健全，《环境信息公开办法》第四章专门规定了环境信息公开的监督机制和责任承担机制。笔者认为，该章规定的监督机制不够健全。根据该办法，环境信息公开的监督机构和责任承担机构都是环保部门，不利于监督的有效进行。由于我国行政机构的设置以及行政人员紧密的上下级联系，上级环保机构不仅很难切实起到对下级环保部门的监督作用以及使其承担责任，甚至存在上级环保机构对下级环保机构的包庇和纵容。另外，我国环保机构隶属于各级人民政府的体制安排也很难达到监督有效实现的效果。

就以上在环境信息公开及监督机制方面存在的问题，完善我环境信息公开及监督机制必须从实际存在的问题出发，具体问题具体解决。建议主要应该从以下几点出发：第一，建立有效的监督机制。只有建立有效的监督机制，明确监督主体、监督内容和监督责任，才能使环境信息公开制度的具体执行得到有效的监督。建立有效的监督机制，首先应该扩大监督主体的范围，应该充分发挥司法监督、舆论监督和行政监督的作用，在《办法》中对各监督主体的法律地位予以明确；其次要明确监督主体的监督内容，从环境信息公开的内容和程序出发，使公开内容和各个环节都处在透明有效的监督之下，促使环保机构依法公开环境信息；最后还应规定监督主体监督不力所应承担的法律责任，使监督主体切实行使监督权力，履行监督义务。第二，健全环境信息公开的责任承担机制。在政府环境信息公开方面，应该加大环保部门不依法及时公开环境信息的法律责任。企业环境信息公开方面，应该加大对企业不依法及时公开环境信息的惩罚力度。对企业不依法及时公开环境信息的行为的处罚力度应该与其造成的经济损失和社会危害性挂钩，同时还应考虑其主观恶性，情节严重的应依法追究刑事责任。第三，应对《办法》中的“国家秘密”和“商业秘密”进行明确界定。应该根据《中华人民共和国保守国家秘密法》《反不正当竞争法》《公司法》《知识产权法》以及其他法律、法规和国家有关规定，明确《办法》所要保护的国家秘密和商业秘密的范围，明确政府和企业所应披露的环境信息的内容。第四，结合实际情况，科学合理地规定环境信息公开的时间，做到尽量缩短。

二、行业自我管理制度

伴随改革的深入，我国行业自我管理组织所承接的经济与社会管理职能越来越多，我国的重污染行业的规制中，应该引入设计完善、功能全面的行业自我管理制度。当前，我国污染问题严峻，政府管理制度中存在较多问题。因此，进行重污染行业的行业自我管理已经成为最严格的环境保护的一种必然选择。

（一）行业自我规制

1. 组织机构的设置

重污染行业自我规制体系的结构以行业协会的内部组织结构及其职能

为依托。会员企业定期选举委员会，委员会对行业内事务进行管理，自我规制体系承接了政府让予的管理职能，进行全面深入的行业管理，且其管理范围大于现阶段行业协会。同时，组织机构的设置要考虑以下因素：组织壮大与利益膨胀的平衡，公共利益与自身发展的平衡，组织和制度结构的行业标准等，综合运用现有条件和资源，有效进行行业自我管理。

2. 委员会的组建

没有核心的组织就无法形成对事物的协调统一。因此，组建委员会能更好地进行自我管理，能够及时准确地把握行业动态，进行有效规制。委员会的组建须借鉴企业的组织结构，进行民主选举，委任协会委员会，形成组织的核心机构。协会委员采用自下到上的公平民选选出，委员会主席由委员民主推荐产生。因地域不同可设置分支委员会，但其数量应该有一定限制，避免过多的组层级与机构分支造成行业自我规制体系内部机构膨胀，信息传递阻滞增加，致使组织自身的管理效率的受到负面影响。

3. 媒介部门的设置

媒介部门是高污染行业规制组织的信息职能部门，能有效提升传统行业协会的定位，其具体职责是在汇集社会、政府具体信息的前提下，适时发布信息，与政府社会进行信息沟通，并对环境存在较大威胁的行业行为，对政府与公众进行信息发布。同时就信息的真实性和有效性对行业、政府和社会负责。

4. 法律部门的设置

重污染行业自我规制体系应该具备的另一个重要的部门就是一个法律部门。该部门需要具备内部财务审计相关法律机构及污染事故诉讼事务机构。前者负责对行业内会员企业的污染投资资金等涉及的法律问题进行处理。后者在企业违规排污造成重大环保事故面临诉讼中进行行业权益维护。这一部门有以下两方面的具体职能：

（1）促进协会制度与法律间的高耦合度

行业规制体系法律部门的重要职责是在委员会制定和修改协会规章制

度时提供法律上的信息服务，保证协会章程规则不会与现有法律相悖，且最好能够与制定法相互配合，弥补制定法对行业管理中存在的某些真空地带。通过法律部门对规则制定的专业性法律支持，更好地进行行业管理。

（2）污染危机处理中与政府进行法律上的沟通

针对重污染行业存在的排污超标及环境污染问题，按照法律规定的程序进行治理，并且与政府取得有效沟通。维护行业的利益，防止政府过度的法律制裁，严肃进行行业内企业的处罚，避免过分保护协会成员，帮助组织在两极之间寻找平衡点。其重要目的是，保持与政府的良性有效沟通，适当地获取社会上的法律援助，最有效地化解排放超标等带来的行业危机。

（二）企业督查员制度

该制度的具体功能为：有效组织并规范行业行为，规制体系有了良好的机构及机构职能定位，是进行有效行业管理的基础，在此之上行业组织还应该具备有效的治理和监督机制，更有效率地行使组织行业管理。

设立企业督察员制度是开展组织内部治理的有效途径。企业督察员制度的落实，应该设置标准制定、现场检测勘察、信息管理几个具体的科室来具体执行。同时，有该行业污染治理方面的专家和技术人员常驻。这一部门的技术人员可以由会员企业内选任进行长期兼职，也可以从社会上进行专业的招聘，长期服务于这一部门。

企业督察员的主要职能有：第一，负责日常性的协会会员企业的污染指标监察检验；第二，负责与第三方独立的污染测评机构进行联系，与其建立良好的合作关系，在对政府或社会进行季度、年度汇报时，提供双重污染指数测评，以确保污染测评的公正准确性；第三，在发现污染问题后，组织企业及社会环保力量一起进行污染治理。

企业督察员的具体职责是：建立污染源信息数据库，将监察对象与环境有关的基本数据录入数据库，编制统一的编号代码，根据需求按地区、指标等不同类型分组进行数据检索和查询，为管理和决策提供了重要依据。在污染治理上，部门应根据行业的污染源、污染排放物的特性，研究一套最节省成本、耗时耗力最少、最有效的治理污染应急预案。根据以防治为主，防治结合的原则来规制污染，达到最佳的重污染企业规制效果。

企业督察员的监督主体为各会员企业，并针对企业的特点有效地控制企业的排污行为，并建立和执行行业内部的惩罚机制，其具体包括：

1. 执行强制退出机制

其实施主体为：当协会会员违反协会规则，对协会造成严重名誉伤害，或是对社会造成严重危害时，协会有权强制该企业退出协会，不再享有会员的待遇。

企业督察员具体要求协会做到：首先，建立严格的资格审核机制。对于想要加入协会的企业进行历史性的排放核查，确认其在过去是否存在超标排污的不良行为，对企业的经营状况进行核实，如年度财务报告等。从源头上确保加入协会会员不会有违规行为；其次，建立严密的检测程序，监管企业的排放情况，按照协会指定的排放标准定期检查企业的年度报告，并委托第三方检测机构定期进行严格的排放物监测，监督企业的排污行为是否达标，一旦不达标则进行密切的关注，并进入违规处理阶段；再次，建立可行性的程序来驱逐违规的企业，在污染企业不配合管理的情况下严格按照驱逐程序操作，将违规企业强制驱逐出协会。

2. 构建集体抵制机制

集体抵制指：两个或两个以上竞争者达成共识拒绝与第三方进行交易的行为。集体抵制是行业自我规制组织对严重违反行业规章、严重超标排污、对行业利益造成重大侵害的会员企业所采取的一种较重的惩罚措施。企业督察员应时刻关注：当会员企业严重违反行业排污标准、严重超标排污并造成社会经济和行业声誉重大损失时，执行集体抵制使其成为一种正当合法的协会内惩罚措施。

三、公众参与管理制度

公众参与管理制度是指公众依据有关的法律法规或规章的规定，平等地参与与其环境利益相关的一切活动。这里的公众应当包括公民、法人和其他团体组织，参与范围包括环境立法、环境决策、环境监督、环境救济等不同阶段的环境法律实施活动。其功能为弥补政府在环境管理制度上的不足，有效促进环境保护，让公众在环境管理过程中的各种不同诉求都得到表达，平衡各方面利益后选择最优的环境管理模式、措施，减少因环境管理而引发的社会矛盾，最大限度地保护公共利益。该制度的对象为与公众环境利益相关的一切活动，包括环境立法、环境决策、环境监督、环境救济等不同阶段的环境法律实施活动。实施主体为公众，监督主体为与公众环境利益相关的一切活动。

"我国《环境保护法》规定，一切单位和个人都有保护环境的义务，并有权对污染和破坏环境的单位和个人进行检举和控告。以权利和义务的方式确立了公众参与环境保护的法律地位，并为公众的环境知情权提供了渠道"。在我国环境法中，公众参与原则主要包括三个方面的内容：第一，信息知情权。2007 年 4 月 11 日颁布、2008 年 5 月 1 日实施的《环境信息公开办法（试行）》是我国真正意义上第一部完整的有关环境信息公开的部门规章，是我国环境信息公开法律制度的一个标志。此外，《放射性污染防治法》第 5 条，《清洁生产促进法》第 10 条、第 17 条对于环境信息公开也有明确规定。第二是环境监督权。如《环境保护法》第 6 条、《固体废物污染环境防治法》第 9 条、《水污染防治法》第 5 条、《环境噪声污染防治法》第 7 条等都规定，任何单位和个人都有权对造成环境污染的单位和个人进行检举控告。第三，对可能涉及公众环境利益的专项规划草案、报告，发表环境评价的意见。《环境影响评价法》第 11 条、第 21 条和《环境噪声污染防治法》第 13 条等对此都有规定。这些都表明国家越来越重视公众参与管理制度。

不容忽视的是，我国目前的法律法规虽然对公众参与管理有一定的规定，但还存在一些不足。因此，确立公众管理参与制度是大势所趋，是环境保护的必然要求，我国应立足于本国国情，借鉴国外及国际的成功经验，笔者认为应从以下几个方面来完善我国的公众参与制度。

（一）尽快制定一部专门的公众参与环境保护的法规

现有的公众参与环境保护的法律法规过于零散，不集中，没有专门的公众参与环境立法，各单行法律、法规及规章之间存在连接不完整、彼此冲突等缺陷。为此，一部专门的公众参与环境保护法规急需出台。

（二）以立法形式确立公民环境权的地位

这是实现公众参与的根本保证和法律基础。环境权是环境法律关系的主体就其赖以生存、发展的环境所享有的基本权利和承担的基本义务，是公民的一项基本人权。在我国环境法律体系中，环境权并未被明确规定，仅在宪法和一些法规中规定了公众参与原则，但这些是微乎其微的。首先，应在宪法中明确规定，公民享有通过公众参与对国家事务、社会事务进行管理的权利，任何人不得侵害。其次，对传统的法律部门应当做适当调整，完善对环境权的规定，划分环境权与传统上所保护的权利之间的区别，明确公民通过公众参与所保护的权利目的所指。

（三）建立以公众权利为本位的公众参与制度

国际上许多国家都以立法形式规定了以公众权利为本位的公众参与制度，然而我国环境立法都以公民义务为本位，这种形式限制了公众参与环境保护的积极性，阻碍了环境保护的发展。因此，“从根本上改变注重保障行政机关权力而忽视公民权利的现象，对各级政府及其环境资源管理部门在环境保护中的职责，企业在环境资源保护方面的义务和权利，社会公众在环境资源保护中的权利和义务等做出明确规定，特别是应当确认和保障包括环保组织在内的社会公众在环境资源保护中的知情权、参与权以及通过司法等途径获得救济的权利，扩大针对违反环境资源法的政府机构、企业事业单位、各人等而提起撤销之诉，履行之诉等行政诉讼的原告资格，最大限度地运用政府和民众在环境保护方面的力量……”

（四）拓宽公众参与的途径

首先，要确立和完善公众的环境立法参与权。我国《立法法》规定，列入常务委员会会议议程的法律案，法律委员会、有关的专门委员会和常务委员会工作机构应当听取各方面的意见。听取意见可以采取座谈会、论证会、听证会等多种形式。环境法应按照《立法法》做进一步具体的规定。

其次，拓宽公众参与的渠道。“政府应当允许公民自行成立环境保护社会团体或非政府环境保护群众组织，并通过这类组织参与环境管理；立法机关讨论关于环境问题的会议允许公民旁听，并且可以参加各级政府环境行政管理部门举行的有关行政执法公开听证会；建立公众参与会议制度，请公众代表出席，对环境管理献计献策；政府施行政务公开，使公众对其进行有效监督”。

（五）立环境公益诉讼制度

环境公益诉讼制度顺应了国际潮流，由于我国尚未建立这样一种制度，导致公众的环境权益无法得到有效维护。国外实践证明，公益诉讼是公众参与环保、实现公众环境权益的有效途径，建立公益诉讼不仅可以对司法、执法进行有效监督，而且也提高了公众环保意识。我们应当借鉴国外立法经验，立足中国国情，建立自己的公益诉讼制度。

第一，起诉资格放宽。我国现行《民事诉讼法》第108条规定：“原告是与本案有直接利害关系的公民、法人和其他组织。”其中“直接利害关系”对环境保护十分不利，因为环境是一种公共财产，为全民所共有，许多情况下个人、单位或团体很难成为直接利害人，这样就会使受害者得不到有效救济，加害者得不到惩罚，放宽起诉资格势在必行。

第二，举证责任倒置。“谁主张谁举证”是传统民事诉讼证明规则中的一项基本原则，而在环境污染诉讼中，由于污染复杂性、科学性等特性使被害人清楚证明损害发生及被告的责任成为困难，因此应规定被告对其是否排污、能否造成污染、排污与损害间是否存在因果关系、是否存在免责事由负举证责任。

第三，适当延长诉讼时效。有些污染物质的损害结果并不能立即发生，需要经过迁移、转化、代谢、富集等一系列环节后，才能导致损害事实的发生。人们对污染物的检验认识也需要一个过程，因此适当延长环境诉讼时效，可以有效保护公众的合法权益。

（六）加强宣传教育，提高公民环保意识

一方面要加强教育，把环境保护内容纳入高等教育体系。具体而言，“我国高等教育体系中要有生态环境、清洁生产法、清洁生产工艺与管理、发展循环经济等内容；其次要在中小学教育、远程教育、成人教育、职业教育和技术培训中形成完善的教材；在中小学教育中，也要将循环经济、爱护资源和讲究卫生作为常识进行素质教育，倡导“爱护环境，保护环境，人人有责”。

另一方面要加强舆论宣传和监督。充分利用电视、网络、报纸等媒体宣传普及环境保护的知识和政策，加强对环境违法行为的监督。

四、环保投资保障制度改进对策分析

治理重污染行业的环境污染问题，改善整体环境质量，实现重污染行业环境保护与社会经济发展协调、可持续，必须依靠国家财政支持，加大国家财政中的重污染行业环境保护相关科目支出，完善重污染行业环境保护相关政策体系和财政制度安排，切实推进重污染行业环境保护事业发展。

第一，要建立长期、稳定的重污染行业环保投入机制，提高政府重污染行业环保投入能力。要做实重污染行业环境保护工作，需要建立长期、稳定的经费增长机制。应高度重视重污染行业环境保护工作，建立重污染行业环境保护支出与经济发展、财政收入双向响应机制，稳步提升重污染行业环境保护支出额度，逐步提高重污染行业环境保护支出占财政支出比重，确保重污染行业环境保护投入增速高于经济发展速度。

第二，要拓宽重污染行业环境保护融资渠道，建立多方参与的重污染行业环保投入机制。单纯的政府与市场二元化方式已经不能满足我国现阶段重污染行业环境保护的需要，必须拓展思路，进行制度创新，将政府管理与市场机制有机结合起来，多渠道筹集重污染行业环保投入所需资金，提高重污染行业环保投资效率。与此同时，完善重污染行业环境保护资金来源结构，还可建立重污染行业相关环境保护专项基金，提高排污收费征收标准，充分发挥排污收费制度的杠杆作用。

第三，健全重污染行业环境保护财政转移支付制度，科学处理地区重污染行业环保能力差异。我国地区间经济发展水平不同，重污染行业环境保护财政支持能力存在差异，部分地区特别是欠发达地区重污染行业环境保护工作面临着巨大挑战。重污染行业作为各地区的重要经济支柱，其环境保护转移支付对于平衡我国地方经济发展、财政能力造成的人均环境财政支出差异和环保能力，具有重要的调节作用。还应加强地区间重污染行业环境保护相关横向转移支付制度的建立。积极开展地区间单向支援、对口帮扶、双向促进等举措，并协调疏通不同地域、不同级别间财政关系，处理好跨流域、跨地区、跨行业间重污染行业环境问题，才能建立起基于重污染行业环境保护的横向转移支付制度。

五、污染物排放总量控制改进对策分析

（一）加大总量控制和质量管理协同增效作用

从某种意义上说，强调环境质量是环境保护工作的出发点和根本目标，并不需要对目前实施的污染减排予以全面否定后才能确立。多年来，污染物排放总量控制制度的实施成效，已经使我们进入了一个可以更加量化地讨论总量、质量关联的新阶段。环境质量改善更应从总量——质量输入响应关系出发，加强治污减排的针对性，并将总量控制合理归为手段制度层次。未来总量减排工作，必然逐步与环境质量挂钩，通过环境质量改善需

求分析，制定总量减排计划和要求。环境质量好的地区和流域可以少减或者不减，质量差的强制多减。在“十三五”期间，可优先在现状质量良好、污染来源明确、有特殊要求的城市、区域或小流域，根据人民群众对环境质量改善的实际需求，开展环境容量测算研究，制定基于环境容量的总量控制方案，实现污染减排任务与环境质量改善要求直接挂钩。对于污染较严重、污染物排放量远超环境容量的区域或流域，可暂时实施技术、经济可行的目标总量控制，远期再实现以环境质量要求为约束控制区域排污的目标。对于环境质量优良且不涉及敏感区域、水域的地区，可在保证环境质量不恶化的前提下，允许其污染物排放量持平或略有增加。

（二）总量控制仍是环保工作最重要的手段和措施

目前，我国处于工业化中期和城镇化快速发展阶段，处于世界产业格局的低端，产业结构不合理、调整偏慢，二产比重依然较高，重工业产值占工业总产值的比重保持在70%左右，且仍保持较快发展势头。产业低端化特征明显，经济增长主要依赖投资推动和资源利用的扩展，资源能源高消耗、污染排放高强度、产出和效益低下的特征明显。经济增长与资源环境承载力矛盾突出，环境承载力难以为继，污染物排放总量与环境容量、环境质量改善需求差异仍然十分巨大，污染物排放量削减任重道远。

环境质量的全面改善必须以污染物排放量持续稳定下降为基础，污染物排放量持续稳定下降必须以资源能源消费量大幅度下降为前提，资源能源消费量大幅度下降必须以发展方式实质性转型为根本。通过对中国经济社会发展趋势和环境问题转变的分析，从宏观层面和总量控制角度来看，在发展方式没有取得全局性突破之前，在资源能源消费总量下降和工业化完全实现之前，作为优化发展方式之重要手段的污染减排仍需坚持，作为改善环境质量之重要手段的污染物总量控制仍需坚持，治污减排仍然需要作为主线坚持、完善与加强，并需要国家在战略层面上做出统筹长远的安排。

（三）把重污染行业污染源管控作为总量控制工作的重点

以排污许可证管理推进污染源有效管控，提高重污染行业污染总量控制的成效，加大对有毒有害物质的管控。污染减排的根本任务，还是对污染源进行排污管控。从2000年以来，生活污染占据比重逐步上升，不少地区将城镇污水处理厂等生活污染治理作为绝对重点，在一定程度上淡化了工业污染防治这一长期阵地。工业污染排放量大、危害重、风险高，统计数据在一定程度上高估了我国工业污染源稳定达标排放和风险防控水平，其仍然是我国污染防治的重点。因此，必须通过总量控制落实对工业污染源的有效监管，通过最严格的手段对其进行综合管控，使各地政府不再只注重污染减排任务的数字完成与否，而是转变到对全部污染源的有效治理、有效监管工作中来，并实现新型工业化。

提高重污染行业污染总量控制的成效。加强总量控制与排放标准、功能区划、清洁生产、排污权有偿取得与交易、有毒有害物质控制、监督性监测等相关制度的联动，使总量控制在企业层面有的放矢，切实将各种监管手段应用于污染源。根据行业特征，出台行业性治污减排政策，加强政策的针对性和指导性。同时，有机结合对地方政府、监管机构、排污企业等的责任追究制度，建立完善的管控体系。

（四）以总量控制制度完善为切入点完善生态文明制度体系

污染物排放总量控制作为推进生态文明建设的重要抓手和关键实践的核心制度条件基本具备，要积极探讨污染减排与其他环境保护管理制度的有机衔接，将国家总量控制制度从区域落地到企业层面。当前，最重要的是将污染物排放总量控制制度与资源、能源消耗等其他制度联动，实施机动车与能源消费总量控制。研究城市机动车保有量（重点是出行量）调控政策，开展煤炭消费总量控制试点，实施产污强度评价，化解过剩产能，将污染物总量控制制度的倒逼机制切实传导至经济领域，共同作为经济发展生态化程度的评价标准和奋斗方向。同时，特别把控制主要污染物排放总量与土地开发红线、生态安全格局等密切结合，优化空间格局，确保污染物排放量及其空间分布的双重属性得到尊重和维护。

污染物排放总量控制作为推进生态文明建设的重要抓手和关键实践的核心制度条件基本具备。污染物排放总量控制制度发展至今，总量控制的量化管理特征日趋明显，已逐渐成为点源排放污染的控制龙头，是政府环境目标责任的载体，与环境影响评价、环境统计、竣工验收等其他环境保护制度的关联逐步加大，成为“十一五”期间环境保护工作的龙头。与总量控制制度相衔接，通过环境容量总量控制、环境影响评价、排污总量前置与排污交易等各类环境管理手段的共同作用，完善的污染源管理体系将成为优化经济发展模式、改善环境质量的重要举措。因此，污染物排放总量制度的完善，是生态文明制度完善的重要环节，它贯穿于对污染源管理的全过程，是污染源“从摇篮到坟墓”不可或缺的管理制度之一。

六、排污权交易制度改进对策分析

排污权交易制度在美、德等国家已比较完善，值得我国借鉴。针对我国排污权交易存在的问题，应借鉴国外成功经验，加强对排污权交易的规范管理。

（一）制定相应法律法规，明确排污权交易的法律地位

应对排污权的交易范围和交易方式做出明确规定，建立排污权交易的法律体系。排污权交易作为一种经济管理手段，只有在被纳入法律规范的前提下，才能发挥作用。有关法规要阐明环境是一种可利用的资源，确立合法的排污权，明确将有偿取得的排污权与其他生产要素一样纳入企业产权范围，完善排污权交易制度，以保证排污权及其交易的合法化，保障企业在排污权交易中买卖自由、信息共享，促进市场的公平竞争。排污权实际上是对环境容量资源的使用权，这种权利的总量是有限的，以某种形式初始分配给企业后，新加入的企业只能从市场上购买必要的排污权。所以要把排污权纳入法律调整的范围，进行合理的分配和管制，进而改变目前国家环保主管部门通过颁发排污许可证确认排污权这一行政性权利，赋予该权利可自由交易的市场性权利。

（二）依法科学规定污染物排放总量及各企业的容许排出量

必须在法律上制定准确的排污总量及各设施的容许排出量，以确保政府削减污染物排出总量目标的实现。此外，要在法律上对排污总量控制的目标、总量设计、调查和检测、总量分布等做出明确的规定；规范初始排污权的分配，加强监管，杜绝“寻租”行为。通过立法建立排污权交易市场，规定排污企业可直接参加排污权交易，使剩余容许排出量的保有者通过交易使减排获利成为可能，并以此激励企业自觉减排。

（三）加强对污染源的监控，建立科学、准确的信息系统

排污权交易能否成功，关键在于能否准确计量污染的排放量。目前我国对污染物的监控还做不到及时、准确、到位。只有确保每个排污企业拥有的合法的排污权数量和实际排放量的对应关系，排污权才能具有交易的性质。因此完善监控系统是保障排污权交易公平、公正进行和控制环境质量的关键。同时应该建立以计算机网络为平台的排放跟踪系统、审核调整系统等，使有关人员及时掌控企业的排污状况和排污权交易情况。应在每个排污权交易中心设立信息发布栏，及时公示信息，以确保公民知情权，使环保工作纳入社会监督范围，提高公民的环保意识。

（四）转变政府职能，发挥政府应有的作用

随着排污权交易制度的确立及排污权交易市场的发育和完善，政府必须转变职能，由管理者向服务者转变。政府要由排污权额度的直接发放者转变为排污权市场交易的监督、保护、服务者。政府职能可以限定为：区域排放总量的确定、环境容量的准确评价、排污权的审核、排污权的初始分配、建立排污权交易系统、建立和完善排污权交易市场以及制定相应的规则等。

（五）进行技术与制度创新，降低排污权交易成本

排污权交易中存在信息收集、谈判费用等各种交易成本，这在一定程度上会抵消企业参与交易获得的节约污染治理成本的收益，使交易变得无利可图。所以应采用新技术，设立排污权交易中介机构，提供交易信息、办理排污权储存和借贷服务等。同时进行制度创新，政府应提供免费信息服务，适当减免监督与执行的费用；建立相应的激励机制，对积极减排、积极出售排污权的企业从资金、税收、技术等方面予以支持；鼓励排污权作为企业资产进入破产或兼并程序等。

（六）逐步扩大排污权交易市场和主体范围

排污权交易需要一定的技术支持和经济条件。只有在市场经济较为发达、法制和公共管理较为健全、环境监测力量较为强大的地区，才能实现建立排污权交易市场的目的。然而，我国地区间经济发展不平衡，不是任何地区都有条件组建排污权交易市场。当前较适宜的地方是东南沿海经济发达地区或东部市场经济较为成熟的部分大城市，因此要逐步扩大排污权交易市场，力争建立全国性的交易市场。对于排污权交易主体的确立可借鉴国外的经验，分为一级和二级市场交易主体，包括个人、企事业单位及政府。同时，注意选择适宜的交易方式。在初始阶段，排污权转让可以采取分散交易方式，企业富余的排污权可以公开竞价拍卖，也可以和买方分别谈判。应确保主体的经济活动平等性，无论是作为排污者的企业，还是政府、各类组织、个人排污者，都可以成为交易主体。鼓励公众广泛参与到排污权交易中，通过收购排污权许可证等方式限制排污，保护自己的生活和生存环境。

（七）实行排污权初次分配有偿化

在我国，环境对污染容纳能力的有限性、总量控制任务的艰巨性和污染源的复杂多样性，使得排污指标十分紧缺。所以，在排污权交易伊始就要实行污染控制总量指标初次分配的有偿化，以充分体现污染者付费原则。政府应对长期无偿占用排污指标的单位进行改制，对新建单位采取拍卖和奖励等有偿方式分配排污权，全面实现排污指标的有偿初次分配。在此基础上，再通过市场实现污染源之间排污权的再分配。

作为一种市场经济手段的排污权交易，可以充分发挥市场配置资源的作用，有利于污染物排放的宏观调控。有了排污权交易，政府机构可以发放和购买排污权来实施污染物总量的控制，影响排污权价格，从而控制环境标准。政府组织如果希望降低污染水平，可以进入市场购买排污权，然后把排污权控制在自己的手上，不再卖出，这样污染水平就会降低。如果修建了污水处理厂等环保设施，环境容量增大，政府就可以发放更多的排污许可证，以降低企业的成本，有利于经济的增长。

这样的制度也有利于公众的参与。环境保护组织等团体如果要降低污染水平，可以进入市场购买排污权，并不卖出，从而降低污染水平。这种解决办法是有效率的，因为它通过支付意愿反映了人们的选择，强化公众参与意识，使社会公众能够积极有效地配合政府的行动。

第六章　重污染行业最严格环境管理制度的实践与探索

第一节　国外重污染行业最严格环境管理制度的实践案例

重污染行业包括火电、钢铁、水泥、电解铝、煤炭、冶金、化工、石化、建材、造纸、酿造、制药、发酵、纺织、制革和采矿业等16个行业。其中，矿业是一个国家经济发展的重要支撑，制药业也是关系民生的重要行业，各国都非常重视。澳大利亚的矿山环境管理和美国的制药行业环境管理处于世界领先地位，了解它们的环境管理制度，对我国矿山行业和制药行业，甚至是整个重污染行业的环境管理制度研究完善，有很大的借鉴意义。

一、澳大利亚矿山环境管理制度

澳大利亚矿产资源极其丰富，尤其是铝土矿、镍、钨、金红石和能源产品——铀、煤、石油和天然气的开发，巩固了矿山在澳大利亚的经济地位。矿山开采在提供大量金属，增加出口额，促进经济增长的同时，也伴随着产生大量、种类繁多的矿山废弃物，诸如废石、废渣、弃泥、尾矿等。采掘矿物、上述废弃物堆场以及配套原辅材料采挖活动等，破坏、侵占了大量的土地，不仅如此，对地表水、地下水、空气等也带来了严重的污染。开采的同时，也强烈地扰动了生态平衡，有些甚至严重到不可逆转。由此可见，澳大利亚也为矿山开采付出了沉重的环境代价、生态代价。澳大利亚当局不得不开始重视矿山环境保护。

在过去的十几年里，澳大利亚政府花费巨资来纠正历史活动对环境造成的破坏，在废水管理、水资源保护以及生物多样性和景观生态系统的保护方面，加强对矿山生态环境的治理力度，成效十分显著。这得益于澳大利亚不仅注重技术应用，而且更注重管理保护。在立法上，澳大利亚通过制定相关法律对矿山生态环境进行有效的管理，1996年制定了《澳大利亚矿山环境管理规范》；在管理制度上，推行抵押金制度、年度环境执行报告书、矿山监察员巡回检查制度等。尽管法律制度已经十分完善，随着社会经济的发展，澳大利亚在矿山环境管理上仍然在推陈出新，不断进步。

澳大利亚矿山环境管理实行联邦政府与各州共管的体制，联邦政府确定立法框架并制定各种管理制度，各州根据各自不同的情况设立专业的管理部门，独立制定执法条例。澳大利亚矿业部门与环保部门制定了相关的法律条例，并将有关生态系统保护问题列入到其他法律条例中。以下是澳大利亚主要的矿山环境管理制度介绍。

（一）对矿业公司申请采矿活动在环境方面提出要求

矿业公司申请采矿活动，管理部门要对其生产能力、资金、生产规模、矿产品的销售、职业卫生及采矿活动对当地生态环境的影响进行严格的审查。在与土地所有者达成土地经济损失补偿与开采后土地的复垦协议，并且经当地政府批准后才可以确定矿区范围。

（二）抵押金制度

为了促进被矿山开采破坏地区的生态环境恢复，矿业公司进行采矿必须交纳矿区复垦抵押金。抵押金的数量必须足以保证矿山复垦。如矿业公司对开采的矿区不治理，则政府可动用抵押金请其他工程部门来实施复垦工作。如矿业公司不交复垦抵押金，也不实施矿区的复垦工作，则政府矿业主管部门将终止矿业公司的开采。

（三）年度环境执行报告书

依据《澳大利亚矿山环境管理规范》，矿业公司必须在每年规定的时间向矿业主管部门提交“年度环境执行报告书”，进行年度工作的回顾。矿业公司所做的复垦工作必须以文件的形式记载、计算机管理，到时由计算机系统通知提交报告。如不提交“年度环境执行报告书”，矿业主管部门会再次通知。倘若再不提交，矿业主管部门就将考虑告知矿业权授权部门收回采矿权。

（四）矿山环境代价统计制度

由于矿业在澳大利亚国民经济中占据较大比重，因此，澳大利亚对矿产资源开发及矿山环境保护支出统计都非常重视。澳大利亚统计局、澳大利亚环境水利遗产和艺术部等，都会对矿山资源开发所产生的环境影响及在环境保护上的支出进行统计和报告。如澳大利亚统计局2003年发布的《澳大利亚环境问题和趋势，2003》和《澳大利亚的环境保护支出，矿业和制造业，2000~2001》就对矿山环境保护支出做了详尽的分析。其他年份的《澳大利亚环境问题和趋势》《澳大利亚统计年鉴》《澳大利亚环境保护支出》等报告，也会对矿山环境效应和环保支出进行专门的分析。总之，澳大利亚对矿山环境保护支出的统计非常重视，且报告都是公开发布的，民众可以通过有关机构和网站获取相关数据。

（五）矿山监察员巡回检查制度

政府的矿业主管部门对“年度环境执行报告书”审查后就由分管监察员去矿业公司进行现场抽查。发现矿山环境未治理好，当地居民不满的，影响较小则口头或者信件通知整改；如拒绝接受且环境影响严重的，可书面指导，监察员现场直接书面通知，不用请示上级；如问题严重可向上级反映，勒令矿业公司停止工作，并可罚款并收回矿权。

二、美国制药行业环境管理制度

制药业是按国际标准划分的15类国际化产品之一，是世界贸易增长最快的朝阳产业之一。在全球制药企业50强中，美国独领风骚，可见美国制药行业的发达程度。制药是治病救人的行业，然而，制药过程中原材料投入量大，产出比小，其大部分物质最终成为废弃物，而且废弃物成分复杂，种类繁多，难以治理，带来的污染严重威胁了人们的健康，不得不引起美国当局的重视。美国有着相对完善的制药污染处理法律法规和政策，对我国制药行业环保状况的改善有着十分重要的现实意义。接下来从投入生产前、生产过程中、公众监督和鼓励政策四方面梳理美国制药业的环境保护政策。

（一）制药企业投入生产前的政策

1. 环境影响评价制度

美国是第一个采取环境影响评价制度的国家，美国的环境影响评价制度包括环境评估（Environmental Assessments）和环境影响报告（Environmental Impact Statements），在《国家环境政策法中》（National Environmental Policy Act）对其做了详细的规定。

美国的环评制度在各个阶段都有要求公众参与的规定，程序上也有《行政程序法》（Administrative Procedures Act）和《情报自由法》（Freedom of Information Act），以作为公众参与程序方式的法律依据。在获得了足够的相关信息后，要求必须对公众的书面评论做出反应，且有较大反对意见或公众对听证感兴趣时应举行公众听证会。

2. 排污许可证制度

美国排污许可证制度的雏形是1899年《河流与港口法》，《国家环境政策法》是最早的环境影响评价的法律。美国排污许可证制度中的适用范围中有一个“点源”精神，认为不论排放的物质是否会对水体造成污染，只要是从点源排放并且没有获得排污许可证的行为是一律不允许的。在监督管理体制中，美国排污许可证制度采用统一的监督管理和分级管理相结合的模式。美国排污许可证制度充分体现权力制衡的精神，体现了人权和国家权力的和谐。其作用非同一般，非常具有借鉴性。同时，美国排污许可证制度也引入排污削减指标的交易政策，被称为“可交易的排污许可制度”。

（二）确保制药企业生产过程中环境保护的政策

1. 强制措施

（1）排污指南

美国联邦环保局（Environmental Protection Agency，EPA）通过对制药业专门的调查和研究，制定了专门针对制药行业的排污指南，对制药企业的一系列排污指标做了严格的规定，并通过严厉的惩罚措施来规管那些超标企业。

（2）洁净空气法

美国《洁净空气法》对于限制排放技术是强制性的一项规定，要求各州污染主体为达到国家环境空气质量标准而必须采用一定水平以上的控制技术。至于为实现这种排放限制而采用什么技术，可以由污染排放者选择或发明。因为污染者可能最了解问题的原因、解决问题的最佳办法，采取技术强制的措施对防治污染更有效。

（3）有毒物控制制度

美国《有毒物质控制法》（Toxic Substances Control Act，TSCA）建立了世界上最早的化学品名录，联邦环保局对这些化学品进行重复性审查，在化学品生产、使用、经营和废弃处理方面采取严格评估和控制措施，避免对健康产生不利影响。赋予EPA管理那些“可能造成健康或环境危害”的化学品或混合物的权力。

《联邦有害物质管理法》（Federal Hazardous Substances Act，FHSA）要求对有害物质必须提供安全标签以警示用户产品的潜在危害及防护措施。对任何属于毒害品、腐蚀品、可燃物或易燃物、刺激物、强氧化剂或产品在分解、受热或其他方式下导致压力升高的物品，必须进行标签标注。

若产品对人体有潜在伤害，包括可能被小孩误食，也要进行标注。

对于企业产生的药品废弃物的处理，是受美国《资源保护和回收法》（Resources Conservation & Recovery Act，RCRA）规管的，该法是世界所有国家中在管理有害废弃物方面较好的法律，其要求 EPA 对危险废料实行从“摇篮”到“坟墓”的全程监控。它规定任何经营危险废物的人（如危险废物的生产者运输者，处理、储存和处置设施的所有者和营运人）在联邦环保局的《危险废物识别条例》颁布后 90 天内以书面向联邦环保局报告其经营危险废物的情况。而对于个人使用药品后废弃物的处理，虽然法律没有直接规定，但是 EPA 对这方面很重视，经常对公众进行废弃药品合理处理的教育和宣传。

2. 完善的制药行业环境技术管理体系

美国制药行业环境技术管理体系由环境法规（包括技术政策）及环境标准组成。美国的环境技术政策目前已在水污染防治和大气污染防治等领域得以应用。以水污染防治技术政策为例，在《美国清洁水法》（Clean Water Act，CWA）中技术政策分为两类，一类是针对常规污染物，分别给出最佳实用控制技术（Best Practicable Control Technology，BPT）和最佳常规污染物控制技术（Best Convential Pollutant Control Technology，BCT）；另一类针对毒性污染物，分别给出最佳可行技术（Best Available Control Technology，BAT）和最佳示范技术（Best Available Demonstration Technology，BADT）。美国排放限值标准的制定是以技术为依据的，它根据不同工业行业的工艺技术、污染物排放水平、处理技术等因素确定各种污染物排放限值。

美国 EPA 根据制药工业的产品类型和生产工艺将制药企业分为五大类：发酵产品类（A 类）、提取产品类（B 类）、化学合成类（C 类）、混装制剂类（D 类）、研究类（E 类）。EPA 针对不同制药工艺类型的水污染物调查统计，执行相应的排放标准，具体见表 6-1（美国制药工业点源水污染物排放标准）。

表 6-1　美国制药工业点源水污染物排放标准

行业分类	污染物分类	控制标准（单位：mg/L）	预处理标准 PSES 和 PSNS	直接排放标准			
				基于 BPT	基于 BCT	基于 BAT	NSPS
A、C类（共计 36 项）	常规污染物	TSS					472（166）
		BOD					267（111）
		COD			1675（856）	1675（856）	1675（856）
	非常规和有毒污染物	氨（以氮计）	84.1（29.4）			84.1（29.4）	84.1（29.4）
		甲醇				10（4.1）	10（4.1）
		乙酸乙酯	20.7（8.2）		1.3（0.5）	1.3（0.5）	
		总氰化物	33.5（9.4）	33.5（9.4）	33.5（9.4）	33.5（9.4）	
		邻二氯苯	20.7（8.2）		0.15（0.06）	0.15（0.06）	
B、D类（共计 9 项）	常规污染物	TSS					58（31）
		BOD_5					35（18）
		COD		228（86）	228（86）		
	非常规和有毒污染物	丙酮	20.7（8.2）				
		乙酸乙酯	20.7（8.2）				
		二氯甲烷	3（0.7）				

（注：按清洁水法的污染物分类：括号外数值为日最大值，括号内数值为月均值）

（三）对制药企业环境保护的公众监督措施

1. 污染情报公开制度

1986 年美国《紧急规划和社区知情权利法》（Emergency Planning and Community Right-to-know Act，EPCRA）成为独立的法律。法律规定企业必须将对公民安全有影响的化学污染物质的情报公开。并制定了有害化学物质排出目录（Toxics Release Inventory）。要求企业每年向 EPA 和地方当局报告有害化学物质的来龙去脉。EPA 每年也会将收集到的信息做成分析报告，提倡更多的人关注这些信息。

2. 公益诉讼制度

在美国法律制度体系中，环境公益诉讼被称为公民诉讼（Citizen Suits），它最早出现在 1970 年的《清洁空气法》（The Clean Air Act）中，公益诉讼制度规定了任何人都可以自己的名义对包括美国政府、行政机关、企业、各类社会组织以及个人提起诉讼。在此之后又陆续制定的一些环保法律法规中也都制定了公民诉讼的条款，这些法律条款共同构成了一整套较为完整的环境公益诉讼制度。

（四）对制药企业实施环境保护的鼓励措施

1. 排污权交易制度

美国对于制药行业所采用的环境管理手段可分为两类，即命令控制型（Command And Control，CAC）手段和市场导向型（Market—based）手段。CAC 即规定企业最大排污量或者规定企业必须采用哪种环保设施才减少污染。由于经济的增长伴随着污染源的增长，这些排放口浓度标准和最低技术要求往往不能满足管理的需求，这就需要把市场导向型手段如排污权交易等，越来越多地运用到国家的环境管理中。

排污权交易制度是指根据污染控制目标发放排污许可证并允许许可证在各污染源之间交易的制度，其具体实施步骤一般是：首先，政府部门规划出该区域的环境质量目标，据此评估该区域的环境容量以及污染物的最大允许排放量；然后，通过发放许可证的办法将这一排放量在不同污染源之间分配；最后，通过建立排污权交易市场使这种由许可证代表的排污权能合理的买卖。

2. 酸雨计划（Acid Rain Program）

药企的主要污染物二氧化硫（SO_2）和氮氧化物（NOx）等是造成酸雨的主要原因。美国酸雨计划的核心是基于市场的许可证交易。这个计划的前提是认可人们的环境使用权。也就是说，在环境有自我净化能力的前提下，人们有权力向环境中排放一定量的污染。那种认为应该不顾代价尽可能降低污染的主张是幼稚的，无法实际应用。酸雨计划的总体目标是通过减少排放的二氧化硫和氮氧化物，实现显著的环境改善，提高公众的健康。为了实现这一目标，以市场为基础的方法控制空气污染。该计划也鼓励提高能源使用和污染的防治的效率。酸雨计划与《清洁空气洲际法》（Clean Air Interstate Rule）相辅相成，2011 年 SO_2 排放量为 450 万吨，同比 2005

年下降了56%。NOx200万吨，同比2005年下降了30%。

3. 设立“绿色化工总统奖”

“绿色化工总统奖”（Presidential Green Chemistry Challenge Award，PGCCA）由美国总统克林顿于1995年设立，奖项分合成途径、反应条件、最佳设计、中小企业和学术奖5项。“绿色化工总统奖”共有十一项原则：预防为主、原子经济、减少有害化学合成、设计更安全的化合物、安全溶剂和辅助剂、设计采纳节能工艺、使用再生原料、减少衍生产物、催化剂、污染防治实时监控分析、坚持安全化学工艺，预防生产事故。

每年年底前，EPA接受各界提名，经业内行家评选，于次年6月颁奖。此奖项的目的是为了鼓励企业重视环保创新。美国“绿色化工总统奖”是世界上最早设立、规模最大、水平最高的绿色化学研究国家级奖励。自设立以来，超过50%的得奖项目来自于制药企业。

第二节　我国重污染行业最严格环境管理制度的探索案例

2013年5月在大力推进生态文明建设的第六次集中学习会上，习近平总书记提出要实行最严格的制度、最严密的法治，为生态文明建设提供可靠保障。随着地区经济社会发展、环境质量变化以及环境管理需求的不断调整，最严格的环境保护制度也需应时而调。

其实，不管什么行业，自它出现伊始，只要它继续发展，就会有一定的制度约束，这种约束一开始可能是不成熟的，但是随着行业的发展，制度也在发展，发现的问题越多，解决的方案也会越来越多，总之会自发向着最严格，最严密发展。重污染行业也不例外。以下即以电镀行业为例加以说明。

电镀是一种表面处理技术，表面处理不仅可以装饰和保护许多工业产品，而且某些特殊的功能性镀层能满足迅猛发展的电子、仪表、车辆、电器等工业和尖端技术的需要，因此，几乎所有的工业系统都离不开实用性强、应用面广的表面处理行业，是我国工业产业链中不可或缺的重要环节。

随着经济的不断发展，表面处理——电镀行业越来越多。又由于电镀企业投资少，见效快，适合于资金较小的民营企业发展，在最初没太多制度约束的情况下，为了发展地方经济小电镀工厂层出不穷。然而，电镀行业是典型重污染行业，作业过程中会产生大量废水、废气和固体废弃物，严重威胁着人类的健康，尤其是重金属污染，大自然对重金属的降解作用微乎其微，重金属污染物可以在空气中，特别是在水中、土壤中持久地发挥危害作用，不是十年，而是几十年、几百年。

20 世纪 70 年代我国开始对工业污染进行治理，电镀行业的污染治理是其中的一部分。到 80 年代初，政府要求所有电镀厂对电镀废水、废气、废渣进行无害化处理，关闭了一些没有安装末端处理设备的土法电镀厂点。

在此之前还没出台与环保相关的法律法规或标准，直到 20 世纪 80 年代以后，我国政府和地方政府陆续出台有关环保的法律法规和标准，如《中华人民共和国环境保护法》《水污染防治法》、大气排放标准、污水排放标准等，使得环境污染治理工作从此有法可依，有据可查，继而各地政府加强了对电镀企业的污染监控工作。电镀行业的环境管理除前文所述的八项基本环境管理制度、《中华人民共和国环境保护法》等基础性的、共有的管理制度法规之外，还制定了一系列环保标准，目前已发布的与电镀直接相关的国家级和行业部门标准共 191 项。从标准类别来看，这 191 项标准中包括污染物排放标准 1 项，产品污染控制标准 3 项，环境监测规范 82 项，管理规范类标准 105 项。此外，正在制定的标准还有 44 项，涉及清洁生产、环境影响评价、污染事故应急以及环境监测等方面，详情见图 6-1 电镀环保标准体系框架图。其中不得不提的是专门针对电镀这一行业所颁布的两项标准《清洁生产标准 电镀行业》和《电镀污染物排放标准》。

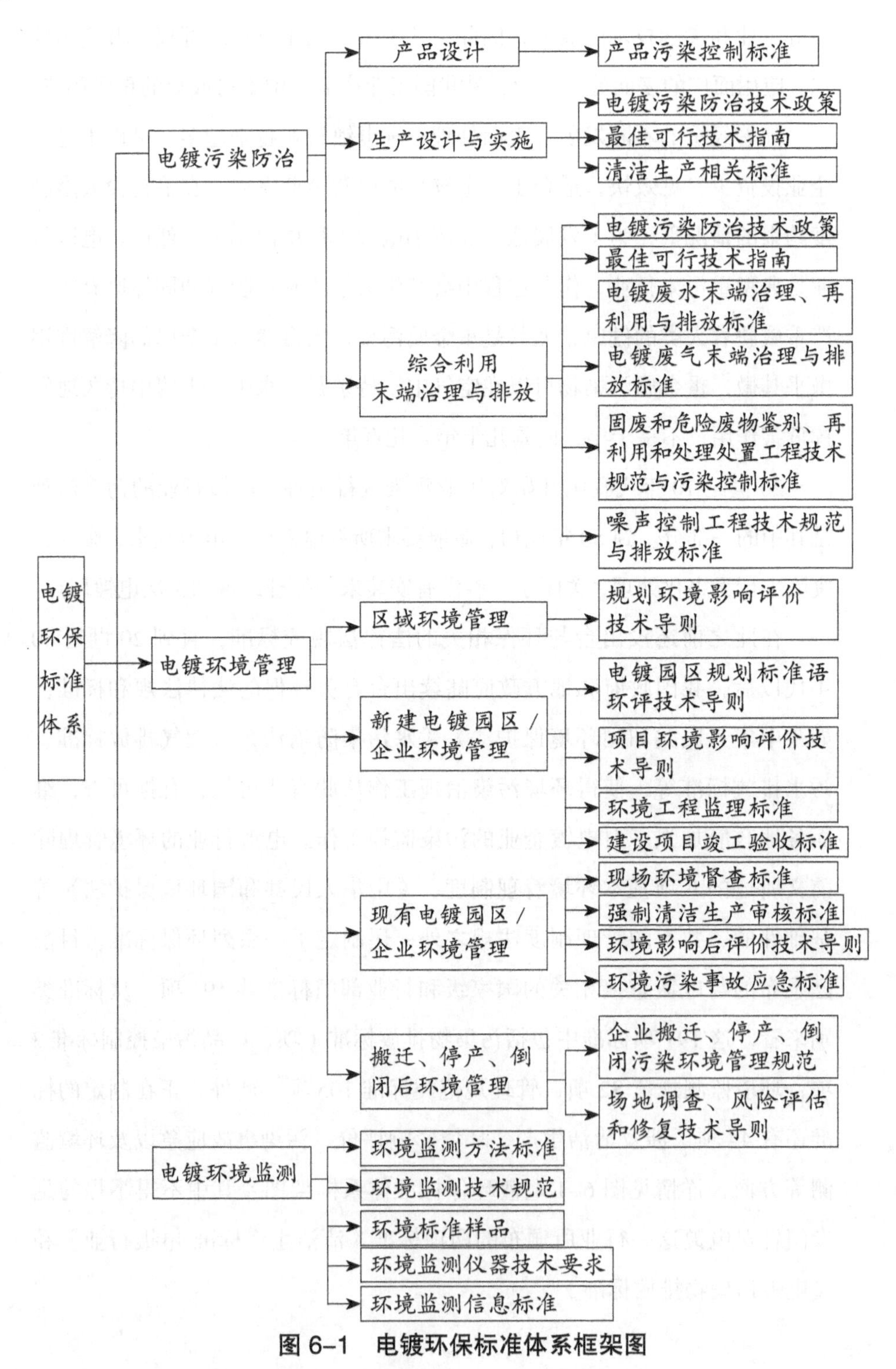

图 6-1　电镀环保标准体系框架图

一、《清洁生产标准　电镀行业》

为贯彻《中华人民共和国环境保护法》和《中华人民共和国清洁生产促进法》，保护环境，提高企业生产水平，国家环保部（当时的环保总局）在2006年11月批准发布了5项清洁生产标准，《清洁生产标准 电镀行业》便是其中之一。该标准2006年11月22日发布，2007年2月11日实施。

该标准为指导性标准，适用于电镀行业生产企业的清洁生产审核和清洁生产潜力与机会判断，以及企业清洁生产绩效评定和企业清洁生产绩效公告制度。标准根据当前电镀行业的技术、装备水平和管理水平，把电镀行业生产企业的清洁生产划分为三个等级：一级代表国际清洁生产先进水平，二级代表国内清洁生产先进水平，三级代表国内清洁生产基本水平。考虑到电镀行业的特点，标准将电镀行业清洁生产指标和要求分为4大类：生产工艺与装备要求、资源利用指标、镀件带出液污染物产生指标（末端处理前）和环境管理要求，详情见表6-2电镀行业清洁生产标准。

表6-2　电镀行业清洁生产标准

清洁生产指标等级	一级	二级	三级	企业现状	等级
一、生产工艺与装备要求					
1.电镀工艺选择合理性	结合产品质量要求，采用了清洁生产工艺	淘汰了高污染工艺			
2.电镀装置（整流电机源、风机、加热设备等）节能要求及节水装置	采用电镀过程控制的节能电镀装备，有生产用水计量装置和车间排放口废水计量装置	采用节能电镀装置，有生产用水计量装置和车间排放口废水计量装置	已淘汰高能耗装备，有生产用水计量装置和车间排放口废水计量装置		
3.清洗方式	根据工艺选择淋洗、喷洗、多级逆流漂洗、回收或槽边处理的方式，无单槽清洗等方式				
4.挂具、极杠	挂具有可靠的绝缘涂层，极杠及时清理				

续表 6–2

清洁生产指标等级	一级	二级	三级	企业现状	等级
5. 回用	对适用镀种有带出液回收工序，有清洗水循环使用装置，有末端处理出水回用装置，有铬雾回收利用装置	对适用镀种有带出液回收工序，有末端处理出水回用装置，有铬雾回收利用装置	对适用镀种有带出液回收工序，有铬雾回收利用装置		
6. 泄漏防范措施	设备无跑冒滴漏，有可靠的防范措施				
7. 生产作业地面及污水系统防腐防渗措施	具备				
二、资源利用指标					
1. 镀层金属原料利用率					
镀种					
锌　铜　镍 装饰铬　硬铬	锌的利用率 %（钝化前）	≥ 85	≥ 80	≥ 75	
	铜的利用率 %	≥ 85	≥ 80	≥ 75	
	镍的利用率 %	≥ 95	≥ 92	≥ 80	
	铬酐的利用率 %	≥ 60	≥ 24	≥ 20	
	铬酐的利用率 %	≥ 90	≥ 80	≥ 70	
2. 新鲜水用量 t/m^2		≤ 0.1	≤ 0.3	≤ 0.5	
三、镀件带出液污染物产生指标（末端处理前）					
1. 氰化物镀种（铜）	总氰化物，g/m^2	≤ 0.7	≤ 0.7	≤ 1.0	
2. 镀锌镀层钝化工艺	六价铬，g/m^2	0	≤ 0.13	≤ 2	
3. 酸性镀铜	总铜，g/m^2	≤ 1.0	≤ 2.1	≤ 2.5	
4. 镀镍	总镍，g/m^2	≤ 0.3	≤ 0.6	≤ 0.71	
5. 镀装饰铬	六价铬，g/m^2	≤ 2.0	≤ 3.9	≤ 4.6	
6. 镀硬铬	六价铬，g/m^2	≤ 0.1	≤ 1.0	≤ 1.3	
四、环境管理要求					
1. 环境法律法规标准	符合国家和地方有关环境法律、法规，污染物排放符合国家和地方排放标准、总量控制和排污许可证管理要求				
2. 环境审核	按照 GB/T24001 建立并运行环境管理体系，环境管理手册、程序文件及作业文件齐备	环境管理制度健全，原始记录及统计数据齐全有效	环境管理制度、原始记录及统计数据基本齐全		
3. 废物处理处置	具备完善的废水、废气处理设施且有效运行，有废水计量装置。有适当的电镀废液收集装置和合法的处理处置途径，生产现场的有害气体发生点有可靠的吸风装置，废水处理过程中产生的污泥，应按照危险废物鉴别标准（GB5085.1–3–1996）进行危险特性鉴别。属于危险废物的，应按照危险废物处置，处置设施及转移符合标准，处置率达到 100%，不得混入生活垃圾。				

续表 6-2

清洁生产指标等级	一级	二级	三级	企业现状	等级
4. 生产过程环境管理	生产现场环境清洁、整洁，管理有序，危险品有明显标识				
5. 相关方环境管理	购买有资质的原材料供应商的产品，对原材料供应商的产品质量、包装和运输等环节施加影响；危险废物送到有资质的企业进行处理				
6. 制定和完善本单位安全生产应急预案	按照《国务院关于全面加强应急管理工作的意见》的精神，根据实际情况制定和完善本单位的应急预案，明确各类突发事件的防范措施和处理程序				

二、《电镀污染物排放标准》

为贯彻国家各项环保法律法规和制度，以及保护环境，促进电镀生产工艺和污染治理技术的进步，由环境保护部科技标准司牵头组织，屯北京中兵北方环境科技发展公司、环境保护部环境保护标准研究所、中国兵器工业集团公司、北京电镀协会等单位起草的国家标准《电镀污染物排放标准》经环保部批准，于 2008 年 6 月 25 日发布，8 月 1 日起开始实施。本标准规定了电镀企业和拥有电镀设施企业的电镀水污染物和大气污染物的排放限值等内容。自标准实施之日起，电镀企业水和大气污染物排放控制按标准的规定执行，不再执行《污水综合排放标准》（GB8978-1996）和《大气污染物综合排放标准》（GB16297-1996）中的相关规定。

（一）本标准的特点

大幅度提高了污染物排放控制水平，并要求现有企业在一定时期内达到新建企业的污染物控制要求。

设立了单位产品基准排水量和基准排气量的控制指标，将有效防止排污单位采用稀释排放，逃避污染治理责任的行为。

首次在国家排污标准中设置了环境敏感区域的水污染物特别排放限值，加大了对环境敏感区域污染物排放的监控力度，提高了环境准入和退出的门槛。执行特别排放限值的地域范围和时间由国家环保总局或省级人民政府规定。

明确了废水排入城镇污水处理系统的监控要求，有利于充分发挥综合污水处理系统的效能，又可防止排污单位任意排放有毒有害物质，损坏污水处理设施。

（二）该标准对企业排污行为设置里三重控制

一是控制排放污染物的浓度，对总铬、六价铬、总镍、总镉、总银、总铅、总汞等毒性大，对生态环境和人体危害严重的重金属离子从严控制，有利于鼓励企业采用无毒无害的原材料和低污染、无污染的电镀新工艺，也利于促使电镀企业提高污染物治理水平和治理效率，推动企业的技术进步。

二是做了时段划分的规定。现有企业自2009年1月1日起至2010年6月30日止执行现有企业污染物排放限值，2010年7月1日起执行新建企业污染物排放限值。也就是说对现有企业只有一年半的宽限期，促使企业技术进步。

三是增加了基准排放量的规定。当前普遍推行浓度控制和总量控制，但对电镀实行总量控制难度较大，而变通为基准排放量控制则易于实施。标准对单层镀和多层镀的基准排水量分别做出规定，并对现有企业和新建设施分别提出要求。与《清洁生产标准　电镀行业》控制电镀新鲜水用量相比，基准排水量的规定更严格。电镀企业必须积极采用先进的清洗方式，才能大幅度控制用水量，达到既治污又节水的要求。

基准排水量按镀件面积计算，对局部电镀的产品，未镀面也必须清洗，因此未镀面也列入镀件面积的计算。基准排水量不属于日常考核项目，但当发现企业电镀耗水量或排水量发生异常，单位产品实际排水量高于产品基准排水量时，需要将实测水污染物浓度换算成标准排放浓度，并以此作为判断排放是否达标的依据。

基准排气量是首次提出的控制指标，没有对现有设施和新建设施区别对待。

（三）与《清洁生产标准　电镀行业》的关系

GB21900-2008《电镀污染物排放标准》与HJ/T314-2006《清洁生产

标准电镀行业》都涉及电镀行业的污染控制，但两者的范围不一样，内容也有较大的差异。

HJ/T314-2006《清洁生产标准　电镀行业》系环境保护行业标准，属指导性标准，适用于电镀行业生产企业的清洁生产审核和清洁生产潜力与机会的判断、清洁生产绩效评定和企业清洁生产绩效公告制度。该标准的内容涉及电镀生产的全过程，包括生产工艺与装备要求、资源利用指标、末端处理前污染物产生指标、环境管理要求 4 大类。

GB2190-2008《电镀污染物排放标准》是针对电镀对环境的影响提出的，水污染物和大气污染物的排放限值都是对末端处理后的要求，尽管与电镀生产全过程有关，但没有必要对生产全过程提出重复的要求。

电镀企业如果把清洁生产搞好了，把生产全过程的控制管好了，污染物排放限值就不难达标了。反之，排放限值全面达标了，清洁生产及全过程的控制也一定搞得较好。这两项标准的目标一致，内容是相辅相成的，两者都对减少电镀企业的环境危害起着极大的推动作用。

我国现行电镀相关环保标准已达 191 项，正在制定的标准 44 项，基本形成了支撑电镀污染防治和环境管理的标准体系，对电镀行业的环保管理和技术指导发挥了重要的规范、引导和支撑作用。但该体系整体协调性仍有待提高，标准分类方式仍有待调整，实际上也正在实践中步步完善，向着最严格、最严密发展。

参考文献

[1] 王曦. 美国环境法概论 [M]. 武汉：武汉大学出版社，1990：217.

[2] 解振华. 国外环境保护机构建设实践分析 [N]. 中国环境报，1992-10-15（2）.

[3] 中国环境与发展国际合作委员会. 国外环境保护机构设置国别情况介绍 [EB/OL] 2008-02-04，www.china.com.cn/tech/zhuanti/wyh/2008-02/04/content_9652112.htm.

[4] 曾维华，等. 国内外水环境管理体制对比分析 [J]. 重庆环境科学，2003（1）.

[5] 王艳芬. 从环境政策角度分析瑞典对欧盟的影响 [D]. 石家庄：河北师范大学硕士生学位论文，2008.

[6] 戴双玉. 我国环境保护行政管理体制改革研究 [D]. 长沙：湖南大学硕士生学位论文，2009.

[7] 张连辉，赵凌云. 1953—2003 年间中国环境保护政策的历史演变 [J]. 中国经济史研究，2007（4）.

[8] 崔巍. 环境保护行政管理体制研究 [J]. 郑州：河南大学硕士生学位论文，2010.

[9]（日）大须贺明. 生存权论 [M]. 林浩，译. 北京：法律出版社，2001：199.

[10] 陈少强、邹敏. 发达国家的环境税及其借鉴 [J]. 生态环境与保护，

2009（2）.

［11］秦虎，张建宇．美国环境执法特点及其启示［J］．生态环境与保护，2005（18）.

［12］马英杰，房艳．美国环境保护管理体制及其对我国的启示［J］．全球科技经济瞭望，2007（8）.

［13］王蓉．资源循环与共享的立法研究——以社会法视角和经济学方法［M］．北京：法律出版社，2006.

［14］《日本循环性社会基本法》第十五条．

［15］易阿丹．中日两国环境管理体制的比较与研究［J］．湖南林业科技，2005（23）.

［16］王伟荣．瑞典环保制度的特点及启示［J］．浙江人事，2007（1）.

［17］瑞典环境管理组织机构［EB/OL］. http://www.bjee.org.cn/news/index.php?ID=5565.

［18］段启明．瑞典生态文明建设的启示［R］．中国人民政治协商会议全国委员会，2011

［19］陈书全．环境行政管理体制研究——以我国环境行政管理体制改革为中心［D］．青岛：中国海洋大学博士学位论文，2008.

［20］胡双发．政府环境管理模式的优长与存疑［J］．求索，2007（4）.

［21］任建兰，张伟，张晓青，等．基于“尺度”的区域环境管理的几点思考——以中观尺度区域（省域）环境管理为例［J］．地理科学，2013，06：668-675.

［22］农晓丹．中国矿山生态环境管理研究［D］．武汉：中国地质大学，2004.

［23］宋海水．公众参与环境管理机制研究［D］．北京：清华大学，2004.

［24］乔刚．环境管理体制若干问题探讨［D］．武汉：武汉大学，2005.

［25］王灿发．跨行政区水环境管理立法研究［J］．现代法学，2005，05：

130–140.

[26] 杨玉川，罗宏，张征，等．我国流域水环境管理现状［J］．北京林业大学学报（社会科学版），2005，01：20–24.

[27] 万薇，张世秋，邹文博．中国区域环境管理机制探讨［J］．北京大学学报（自然科学版），2010，03：449–456.

[28] 龚亦慧．完善我国环境管理体制若干问题研究［D］．上海：华东政法大学，2008.

[29] 陈浩．企业环境管理的理论与实证研究［D］．广州：暨南大学，2006.

[30] 曹景山．自愿协议式环境管理模式研究［D］．大连：大连理工大学，2007.

[31] 董小林，孙建美，张宇．环境管理手段体系研究［J］．环境科学与管理，2011，03：1–6.

[32] 周训芳，吴晓芙．生态文明视野下环境管理的实质内涵［J］．中国地质大学学报（社会科学版），2011，03：19–23.

[33] 王洛忠．我国环境管理体制的问题与对策［J］．中共中央党校学报，2011，06：70–72.

[34] 赵文军．环境管理的发展与实践研究［D］．西安：西北大学，2003.

[35] 齐珊娜．中国环境管理的发展规律及其改革策略研究［D］．天津：南开大学，2012.

[36] 王资峰．中国流域水环境管理体制研究［D］．北京：中国人民大学，2010.

[37] 白永秀，李伟．我国环境管理体制改革的30年回顾［J］．中国城市经济，2009，01：24–29.

[38] 范阳东，梅林海．论企业环境管理自组织发展的新视角［J］．中国人口·资源与环境，2009，04：19–23.

[39] 吴失. 我国海洋环境管理中的政府激励机制研究 [D]. 青岛：中国海洋大学，2013.

[40] 章芸. 战略环境管理理论与实证分析研究 [D]. 海口：海南大学，2007.

[41] 邓旸. 我国环境管理中的行政协助制度立法研究 [D]. 上海：上海交通大学，2012.

[42] 高峻，刘世栋. 可持续旅游与环境管理 [J]. 生态经济，2007，10：114–117，121.

[43] 田春秀. 全球环境管理的现状与展望 [J]. 环境保护，2003，11：61–64.

[44] 蔡守秋. 论健全环境影响评价法律制度的几个问题 [J]. 环境污染与防治，2009，12：12–17.

[45] 李淑娟，牛晓君. 中美环境影响评价制度中公众参与的比较研究 [J]. 环境科学与管理，2007，12：176–178.

[46] 王峰，李杨秋. 建设项目环境影响评价制度现状与对策探讨 [J]. 环境科学与管理，2010，08：166–169.

[47] 任婧. 浅析我国“三同时”制度 [J]. 法制与社会，2010，14：143–144.

[48] 陈庆伟，梁鹏. 建设项目环评与“三同时”制度评析 [J]. 环境保护，2006，23：42–45.

[49] 李翔. 透视环境影响评价制度与“三同时”制度的相关问题 [J]. 法制与社会，2009，13：217–218.

[50] 吴惠娜. “三同时”制度在建设项目验收监测中的作用与问题探析 [J]. 环境，2011，S2：1–3.

[51] 李阳，贾爱玲. 简析现阶段我国排污收费制度 [J]. 法制与经济（中旬刊），2011，01：49–50.

[52] 方堃 . 从利益平衡看我国排污收费制度的发展 [J] . 政治与法律，2010，02：139-146.

[53] 中国排污收费制度 30 年回顾及经验启示 [J] . 环境保护，2009，20：13-16.

[54] 白宇飞，屈晓明 . 排污收费制度的改革走向 [J] . 环境保护，2009，20：43-44.

[55] Bernard Fei-Baffoe，Godsgood K. Botwe-Koomson，Isaac Fimpong Mensa-Bonsu，et al. Impact of ISO 14001 Environmental Management System on key environmental performance indicators of selected gold mining companies in Ghana [J] . Journal of Waste Management，2013.

[56] Bei Jin，Gang Li. Green economic growth from a developmental perspective [J] . China Finance and Economic Review，2013，11.

[57] Kathleen Segerson. Voluntary approaches to environmental protection and resource management [J] . Annual Review of Resource Economics，2013, 51.

[58] Angel Hsu. Environmental reviews and case studies：limitations and challenges of provincial environmental protection bureaus in China's environmental data monitoring，reporting and verification [J] . Environmental Practice，2013，153.

[59] 于文轩 . 国外环境保护法立法经验借鉴 [J] . 环境保护，2013，16：33-35.

[60] 王玉庆 . 环境保护：探索中前进 艰辛中成长 [J] . 环境保护，2013，14：18-23.

[61] 幸晓生 . 浅谈当前的环境管理中的几项制度 [J] . 环境，2013，S1：17-18.

[62] 丁长成 . 我国排污申报登记制度研究 [D] . 苏州：苏州大学，2013.

［63］陈雨艳，杨坪，刘毅，等．试论四川省开展排污权交易制度［J］．环境科学与管理，2013，01：16-18、29.

［64］宋国君，张震，韩冬梅．美国水排污许可证制度对我国污染源监测管理的启示［J］．环境保护，2013，17：23-26.

［65］高乙梁．杭州市城市化进程中的工业污染集中控制对策［J］．环境污染与防治，2000，06：1-3.

［66］韩立钊，王同林，姚燕．浅析我国限期治理制度的完善——从实际操作的层面出发［J］．中国人口・资源与环境，2010，S1：432-435.

［67］王勇．环境保护限期治理制度比较研究——基于日美类似制度的思考［J］．行政与法，2012，10：116-120.

［68］李水生．限期治理法律制度若干问题研究［J］．环境科学研究，2005，05：96-99.

［69］李挚萍．关于完善限期治理制度的若干法律探讨［J］．环境保护，1999，04：15-16、19.

［70］齐珊娜．中国环境管理的发展规律及其改革策略研究［D］．天津：南开大学，2012.

［71］任平，吴芬娜，周介铭．我国“两个最严格”土地管理制度：理论矛盾与现实困境［J］．经济管理，2012，08：173-182.

［72］葛察忠，李晓亮，李婕旦，等．建立中国最严格的环境保护制度的思考［J］．中国人口・资源与环境，2014，S2：99-102.

［73］童克难，高楠．解读最严格的环境保护制度［N］．中国环境报，2013-08-28，004.

［74］徐君，王育红，郭学鹏．建立和完善最严格的环境保护制度［N］．光明日报，2013-12-17，007.

［75］徐红霞．关于实行最严格的水资源保护管理制度的思考［J］．湖南

医科大学学报（社会科学版），2010，01：190-191.

[76] 姚华军 . 关于实行最严格的国土资源管理制度的思考 [J] . 资源 · 产业，2003，02：63-65.

[77] Daniel J. Knudsen. Environmental reviews and case studies: "Environmental Protection Bureau, 2.0": China's environmental courts as enforcement institutions [J]. Environmental Practice, 2013:154.

[78] Bracci Enrico, Maran Laura. Environmental management and regulation: pitfalls of environmental accounting [J]. Management of Environmental Quality, 2013:244.

[79] JD Burgosjiménez, D Vázquezbrust, JA Plazaúbeda, et al. Environmental protection and financial performance: an empirical analysis in Wales [J]. International Journal of Operations & Production Management, 2013:338.

[80] Voronova Viktoria, Piirime Kristjan, Virve Mailis. Assessment of the applicability of the Pay As You Throw system into current waste management in Estonia [J]. Management of Environmental Quality, 2013:245.